U0907819

老板凭啥提拔你

•精装典藏版•

赵强◎著

北京联合出版公司
Beijing United Publishing Co.,Ltd.

图书在版编目（CIP）数据

老板凭啥提拔你 ：精装典藏版 / 赵强著. -- 北京 ：北京联合出版公司，2018.9

ISBN 978-7-5596-2353-9

Ⅰ. ①老… Ⅱ. ①赵… Ⅲ. ①成功心理－通俗读物 Ⅳ. ①B848.4-49

中国版本图书馆 CIP 数据核字（2018）第 155416 号

老板凭啥提拔你：精装典藏版
作　　者：赵　强
选题策划：北京时代光华图书有限公司
责任编辑：郑晓斌　徐　樟
特约编辑：高志红
封面设计：零创意文化
版式设计：零创意文化

北京联合出版公司出版
（北京市西城区德外大街 83 号楼 9 层　100088）
北京旭丰源印刷技术有限公司　新华书店经销
字数 111 千字　880 毫米 ×1230 毫米　1/32　8.25 印张
2018 年 9 月第 1 版　2018 年 9 月第 1 次印刷
ISBN 978-7-5596-2353-9
定价：49.80 元

再版序

为什么书还要做再版？

其一，我做咨询和授课的时候，只能影响一部分人，但是我把我的想法写成书，编辑出版，再发行出去，就多了百十万人听我讲了，而且书的价格总是比去现场听课便宜的。《老板凭啥提拔你》和《离开公司你什么都不是》就是在这样的想法之下出来的。这两本书自出版以来，一直受到广大读者的喜欢。虽然对书名有很多异议，有的说太偏激，有的说太夸大公司这个平台的作用，但是大家对内容都没有什么不满的地方。不过大家看过了，书也就逐渐消失在书店，但是再版，可以让这两本书又增加不少销量，让数以十万计的人再去读书，这两本书的价值就又增加了。

其二，如今几年时间过去了，再看两本书里面的内容，我没想到自己还能“大言不惭”地说，还好，还没有过时。因为职场升迁的本质是不变的，公司平台的本质是不变的，作为员工，大家努力提升自我，全力以赴去争取，就能得到正常的升迁。虽然提升自己的道路可能会有变化，从一条变成 n 条，从弯路变成直道，但是最终的目的地是没有变化的。

由于职业的原因，我经常给很多企业做培训咨询工作，很多员工会私下悄悄问，在本公司升迁无望，工资太低，要不要跳槽？或者公司对员工很苛刻，一点人性都没有，要不要跳槽？遇到这种问题，我总是先问：你在这家公司这段时间，学到什么东西了吗？如果什么都没学到，岂不是白待了这么久，浪费了时间？

我建议他们先静下心来，深入钻研业务，把行业知识摸透了再辞职也不迟。那些听了我的话，不去管工资高低或者升不升迁的，而是踏踏实实工作的人，基本都得到了很好的发展，因为他们在努力工作的时候，渐渐明白，工作是为自己做的，公司这个平台是不能随随便便就放弃的。

人生的每个阶段，都像一道选择题。一个人的职业生涯，会遇到各种各样的选择题，选对了，平步青云，选错了，就得多走些弯路。选择是占很大一部分。就拿我来说吧，在20多年的职业生涯中，我从新闻记者成长为中国快消品一线“前敌总指挥”，经历大大小小几十场商战。作为“幕后操盘手”的我，从营销副总，营销总经理，到台前的掌舵者，董事长，都是职场选择和奋斗的结果。

多年的经验教训告诉我，我们每个人要把自己当作公司来经营。每一个人都是一个公司，你就是以你的姓名冠名的公司，这就是你最大的平台和战场，如果你认清楚了，那你就知道，我为什么说：离开公司你什么都不是了！

职场升迁是属于强者的游戏，而强者和弱者的区别则是：前者自信并马上行动，后者等待而贻误战机。我们看到许多人每天都生活在纠结中：该不该向喜欢的女孩表白？要不要给大客户打电话？用不用把自己的想法告诉上司？

能不能在这个平台上跃迁？我们是被选择所困扰吗？不，我们是被选择前的等待扰乱了心性！等待只能错过，机会只会溜走，光阴只是虚度，成功在等待中渐行渐远；为什么不去马上行动？不去奋力争取呢？

老板提拔的，永远是把公司当家的人，把公司当平台的人，把平台当做自己的人，也就是我说的，每一个人都是一个公司，我们不过是在大平台上经营好自己的小公司罢了。一切的职场升迁都是来自于这个初心。说你离开了公司，离开了平台，什么都不是，也是把这个观念作为起点和出发点来说的！因为，这是看清职场，悟透人性的终极答案。

所以，无论是《老板凭啥提拔你》还是《离开公司你什么都不是》，我想告诉大家的是：我们要不忘初心，珍惜公司和平台给自己的机会，马上付诸行动！

自
序

做自己命运的建筑师

这是我的第三本职场书。第一本《离开公司你什么都不是》出版后，引发了很大的争议，但它的走红，却让我始料不及；第二本《本事是干出来的》刚上市就被抢购一空，我很惊讶于读者对我作品的厚爱，我想，这也许是因为，读者们都有兴趣看看职场的老江湖是怎样从小虾米变成大白鲨的。因此，我冒着被人说是“不务正业”的风险，来和大家一起分享职场升迁中的点滴感悟，这就是摆在你面前的这本书——《老板凭啥提拔你》的写作初衷。

在我二十多年的职业履历中，我从一个平凡的新闻记者，成长为中国营销一线的“前敌总指挥”，其间，经历了大大小小几十场商战。作为“幕后操盘手”，我做过营销副总、营销总经理、主管营销的副总裁；作为台前的掌舵者，我做过常务副总裁、总经理、董事长。我经历了从几百万起家到上百亿规模的各种类型的民营企业，对中国企业中的升迁规则，有着切肤的感受。这本书就是从一个老板的角度，同时也是一个打工者的角度，来讲述我对职场升迁的看法。

在我看来，职场升迁是一个强者玩的游戏。强者和弱者的差别是什么？前者自信并马上行动；后者等待而贻误机会。

很多人每天都生活在纠结中：该不该向自己喜欢的那个女孩表白，要不要给那个大客户打电话，用不用把自己的想法告诉上司，能不能得到一个更好的升迁机会……我们是被选择所困扰吗？我们是被选择前的等待搅得心烦意乱。爱情在等待中错过，机会在等待中溜走，光阴在等待中虚度，成功在等待中渐行渐远。为什么不去行动，不去争取呢？

长久的等待就是等死！

2010 年，残疾少年刘波获得《中国达人秀》第一季总冠军，他说了一句人生感悟："我的人生中只有两条路，要么赶紧死，要么精彩地活！"这句话深深地震撼了我。人生不就是要么死、要么活两条路吗？与其庸庸碌碌不明不白地等死，为什么不让自己活得阳光，活得乐观，活得开心？

面对升迁，不也是如此吗？与其我们在等待中被人看不起，不如保持一种阳光的心态，努力地去争取，给自己争口气！

要获得升迁的机会，请不要相信"职场阴谋论"。试想一下，如果这个世界完全是"潜规则"的天下，那些白手起家的人，根本就不可能成功；如果升迁完全要靠"潜伏在办公室"才能实现的话，那你身边就全是"间谍"和"特务"，谁会比谁傻呢？谁会愿意和一帮小人为伍呢？一个把职场看得越阴暗的人，内心就会越猥琐，他们怎么可能成为真正的成功者呢？

要想在升职的路上所向披靡，就不要想着依赖别人。

职场升迁是你用智慧一点点奋斗来的；是你用坚韧一步步丈量出来的；是你用失误一个个总结出来的；是你用汗水一层层搭建起来的。当你累的时候没人关心，你就学会了自立；当你哭的时候没人安慰，你就学会了坚强；当你怕的时候没人陪伴，你就学会了勇敢；当你绝望的时候没人依靠，你就学会了担当；当你终于成功的时候，你就拥有了一切！

每个人都可以成为强者！每个人都是自己命运的建筑师。

有一位画家，是个虔诚的基督教徒。他的心愿是画一幅可以传世的耶稣像。耶稣是上帝之子，是神圣的象征，他的画像自然要画得格外庄重，于是画家四处寻找模特，费尽周折后，终于找到一位面貌祥和庄重的青年做模特。画像完成后，他给了模特一大笔钱。画家的这幅耶稣像，赢得了举世赞誉。

后来，有人跟画家说，只有这幅耶稣画像还不完美，应该再画一张魔鬼撒旦的像，以便于凸显耶稣的伟大。画家接受了这个建议，并且在一个监狱里找到一个长相凶恶的囚犯做模特。

正在画家画像时，这个囚犯突然抽泣起来。画家很奇怪。

囚犯说："几年前我也曾经当你的模特儿，想不到数年后我又遇到你，可是人生的境遇却完全两样！"原来，这个囚犯就是先前充当耶稣画像的模特。

画家听了大吃一惊："这怎么可能呢？你的相貌如今怎么变得如此凶狠可怕！"

囚犯说，他得了那笔钱后，就吃喝嫖赌，无所不为，不久钱就花完了。为了继续享乐，他就坑蒙拐骗，作奸犯科，最后终于进了牢狱，相貌也因此变得凶狠丑陋，和以前完全不一样了。

一个人，可以选择成为耶稣，也可以选择成为撒旦。是强者就会不断地唤醒自己，成为耶稣；是弱者，就会不断地沉沦自己，成为撒旦。

让自己站起来，做自己命运的建筑师，用你的大智慧为自己设计职业大厦的蓝图，用你的硬能力夯实这座大厦的基础，用你的好人缘装饰这座大厦的每一个房间，用你的真品行展示这座大厦的高度。只有你自己能决定，你将成为什么样的人！是雄鹰，就去翱翔天空；是狮子，就去征服草原；是鲸鱼，就去挑战海洋；是英雄，就去笑傲江湖！职场是英雄的世界，而你，就是那位不甘沉沦的大英雄！

你打算用行动，获得升迁的机会，还是继续等待好运的到来？

我相信你会选择行动！

那么，请问：是尽快行动？是稍后行动？还是永远行动？

那么，请问：尽快有多快？稍后有多后？永远有多远？

赵强

冠军赢销策划机构董事长

目录

第1章 谁是下一个“被提拔”的人

公司是一个讲求效率的组织，老板没有耐心让每个人都满意，更没有精力去说服每一个人，老板能够驾驭的员工，才是老板需要的好员工，才是老板想提拔的人。

第2章 升职不是潜伏出来的

机会不只会垂青于一部分投机分子，更会垂青于大部分实干家，实干比钻营要累，但积累下的经验和业绩，却能受用终生。

小虾米如何变身大白鲨

让人遗憾的工作，只有一个——现在的工作；让人期待的工作，也只有一个——下一个。如果把你的选择看作一次投资，那请不要害怕投资失败，因为失败了也是资本。

鸟大了，什么位子都有

职场就像一个迷宫，很容易找到入口，但粗枝大叶者往往难以找到出口。获得升迁的第一桶金，就是找到那个迷宫的出口。

人情练达即升迁

一个人要想成功，需要朋友的帮助；要想有所成就，需要能量更强大的贵人。如果你没有权势，至少你要有财富；如果你没有财富，至少你要有才干；如果你没有才干，至少你要有一个好心态；如果你没有好心态，至少要有个好身体。如果你一无是处，你就不会有贵人，你只能获得别人的怜悯。

级别是营销出来的

打造个人品牌，就是将你的能力、个性及独特品质融为一体，并最大限度地发挥它的影响力，把别人对你的看法变成你成功的机会。

谁是下一个『被提拔』的人

哪些员工，老板最想提拔

琢磨事还是琢磨人

你学不了杜拉拉

尊上不媚上，使下不欺下

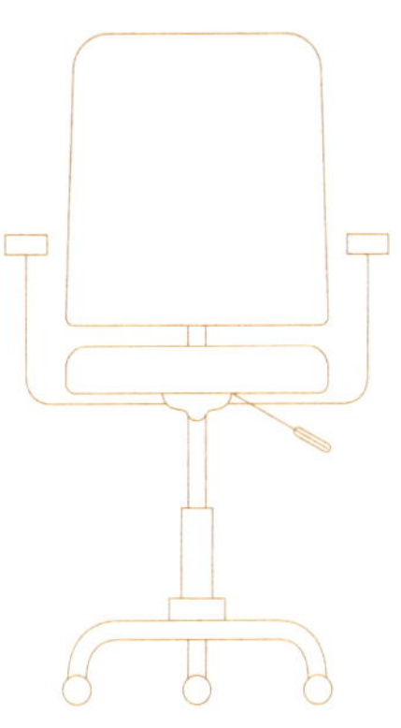

公司是一个讲求效率的组织，老板没有耐心让每个人都满意，更没有精力去说服每一个人，老板能够驾驭的员工，才是老板需要的好员工，才是老板想提拔的人。

哪些员工，老板最想提拔

我们处于一个“被”字句式的时代。你看：工作出了纰漏，领导不高兴，找你谈话，这叫“被约谈”；通胀加剧，物价升高，这叫“被涨价”；机关分流，公司裁员，这叫“被离职”；本来不想捐款，别人捐了，狠狠心，自己也捐了，这叫“被捐赠”……“被”字句式让人很无助，就如同被狗咬了一口，却无法反咬一口一样无可奈何。

但是，恐怕没有几个人厌恶“被提拔”。谁不想有个锦绣前程，谁不想出人头地呢？提拔这点事儿，古往今来，都是让人精神爽的喜事。何以如此？一来僧多粥少，社会提供的管理岗位远远少于日益增长的求职大军，在人才供需严重不平衡的状态下，获得升职，就意味着提升了社会地位，获得了成功；二来穷庙也有富方丈，老大吃肉，老二喝汤，老三挨饿，升职意味着至少加入了“喝汤”的行列，收入提高了。

那么，怎样才能使自己成为下一个“被提拔”的人？要回答这个问题，我们不妨换个角度来思考。

我是做营销出身的，在我看来，一个公司，营销上能不能真正成功，不外乎两个基本因素：一是对客户需求研判是否得当，二是对竞争对手分析是否准确无误。如果能诱使竞争对手犯错，并抓住对方犯错的机会，那么成功的概率，就要高很多；如果能洞察消费者的隐性需求，那就可以制定有效的市场策略，毕其功于一役。

职场也是如此，一个人，能不能“被提拔”，也取决于两个基本因素：一是公司或老板的需求，二是你与潜在的职位竞争者的实力对比。对于公司而言，它是一个营利组织，更是一个权力组织。公司和老板的需求，往往决定了一个人能不能被提拔。

当你希望被提拔的时候，首先要了解公司或老板需要什么，你有没有可以满足别人需要的价值。聪明的老板不会把职位交给一个平庸的人，正如没人愿意花1万元钱买一个10元钱的地摊货一样。

被提拔，是员工的“一夜暴富”，而提拔是老板对员工最好的激励。当你能满足公司的需要时，你就具备了交换的价值，老板就会把职位给你。有人说，这不是赤裸裸的交易吗？没错，公司的创建，就是创造出了一种新的交易手段。试想一下，如果没有交易，每一顿晚餐都是免费的，谁还愿意做厨子呢？

公司和老板的需求，往往决定了一个人能不能被提拔。能力强的员工未必就能获得晋升。

换句话说，真正需要我们重视的问题是：哪些员工，老板最想提拔呢？

我在中国的营销一线操盘了20年，与形形色色的老板打过交道，我发现，中国老板用人时最喜欢强调四个字——“德才兼备”。有人还将这一说法细化为：“有德有才，破格重用；有德无才，培养使用；无德有才，限制使用；无德无才，坚决不用。”你看，用什么人，怎么用，听起来似乎很具体，但用起来却很抽象。

优秀的老板的确遵循“德才兼备”的原则选拔人才。在这一原则指导下，他们用人的第一条标准就是选人标准切忌过高。“德智体美劳”全面发展的“五好”员工毕竟属于稀缺资源，大部分老板选人的第一标准并不高，就是在可选的范围内选择性价比最高的人。很多企业创业时，选择亲朋好友加盟，就是因为缺少别的可选对象。

正因为如此，很多公司常常存在以下几种用人现象：

在很多公司，能力最强的员工未必就能获得晋升。正如修行最好的和尚未必就是方丈，学术水平最高的老师未必就能担当大学校长的职务。

在很多公司，品行端正、踏实干活的员工，依然缺少升职的机会。如果你随便观察一个公司，总会发现很多任劳任怨、像老黄牛一样兢兢业业工作的员工，但他们的职位却数年如一日，原地踏步。

我们通常认为，那些善于交际、能说会道的人，往往更有领导力，更容易被提拔。但是，相当多的管理者并不八面玲珑、左右逢源，他们处理问题甚至常常不顾及下属感受，却依然能得到老板的青睐，升迁速度像坐了火箭一般。

有些员工能力未必最强，但是综合素质却是最高的，这样的员工更适合担当领导者的角色；有些员工品行虽然很好，但是业绩平平，这样的员工，能够管好自己，却不能管好别人，当然得不到老板的青睐；有些员工作风强硬，虽然工作方法有待提升，但是业绩好，值得培养。智慧的老板都懂得选择适合的人，而不是选择完美的人。

优秀老板用人的第二标准是：德才兼备，以德为本。能力弱一点，可以培养，品行有问题，往往无可救药。那些品质优秀的人，在同等条件下，更容易获得提拔的机会。

金庸小说《射雕英雄传》，大家都很熟悉。你看，郭靖老实本分，看起来是个榆木脑袋，而黄蓉却古怪精灵，悟性奇高。按常理讲，黄蓉的职场发展前景应该比郭靖好才对。但实际上，升迁机会最多的反而是郭靖。江南七怪为了调教他，贡献了下半辈子；全真派老道不远千里，不厌其烦地手把手教他功夫，却不肯指点梅超风；甚至连九阴真经、降龙十八掌这样的本事，都无一例外落到他的手上。

难道是幸运之神垂青庸才吗？当然不是，郭靖这个人，虽然四肢发达、头脑简单，但他懂得感恩，待人真诚，对人不设防，因而更容易赢得别人的信赖。

人人都以为自己是聪明人，但实际上人们更喜欢关照傻人。那些看起来聪明的人，更容易让人产生戒备之心，尽管他们资质很好，悟性很高，却聪明反被聪明误。黄蓉的资质再高，洪七公也没有把降龙十八掌传给她，就是这个原因。

职场中不缺少聪明人，而是缺少有德行的人。我在用人时有个体会：如果一个员工不孝顺父母，同等条件下，尽量不要用。想想看，这个世界上，还有谁比他的父母更重要？对父母薄情寡义的人，就很难与团队相处，很难融入公司。一个孝敬父母的人，本性善良，更值得老板信任。

职场中不缺少聪明人，而是缺少有德行的人。实际上，人们更喜欢关照“傻人”。

优秀老板用人的第三条标准是：不机械地遵循“德才兼备”的原则，而是根据需要，灵活运用。

刘邦和项羽争天下的时候，陈平投降刘邦，后经魏无知推荐被委以重任。这时候，周勃和灌婴心里不服气，于是就找刘邦告状，说陈平“盗嫂受金”，不能用。意思就是说，陈平这个人啊，品行极其恶劣。在家的时候跟嫂子偷情，生活作风有问题；当了官，收受属下的金钱，送得多的就给好处，送得少的就打击，不折不扣的大贪官。这样的人，生活作风和经济上都有问题，哪个老板敢用呢？刘邦也一样，听到这个，就对陈平起了疑心，不再重用。魏无知却向刘邦进言说，我推荐陈平，是因为他有才能，而大王却去关注他的品行。陈平这个人，品行或许有些问题，但现在正是我们用人之际，即使有点瑕疵的人才，也应该使用。刘邦一听，茅塞顿开，于是重用陈平。

刘邦为什么会重用陈平？是因为，刘邦此时正与项羽争夺天下，能成事的人最重要。用无德的人或许成不了大事，用无才的人却一定会吃败仗，失去争夺天下的机会。所谓“非常之时，当用非常之人”，一个人无德，就会坏事；如果有才，却能成事。善用人者，用人之长，抑人之短。刘邦是用人的高手，韩信贪婪，英布最后造反，而刘邦却能用这些人来帮助自己成事，开立一个王朝。

我们很多人，往往只看到了浮在海面上的冰山，却没有注意到海面下的冰山才是真正的决定因素。一个人的品行、能力、水平，这些老板都需要，但这些都很难具体化，很难作为用人的执行原则，也不能作为实际用人的操作标准。就我几十年职场心得而言，老板真正想用的人，是可以掌控的人，是可以驾驭得了的人。老板用着放不放心，能不能驾驭，这才是海面下的冰山。很多老板喜欢“听话照做”的员工，就是因为这样的员工能够驾驭、执行力强。人的能力都是相对的，职场的大红人，未必能力一流，但往往更踏实更保险更可靠，况且，一帮能干的人也未必能组成一个最能干的集体。团队更讲求整体功能，有些人恃才傲物，喜欢玩自己的个性，虽说有个性未尝不好，但是，这与升迁无关，更与老板的关注点无关。

就我的经验来说，一个人的能力很强，但老板却无法驾驭，那么这个人，往往最早被淘汰出局。骏马当然可以拉着车子飞奔，但若是这匹骏马失去了缰绳，恐怕就会酿成翻车事故了。刘邦的高明之处在于：对付那些桀骜不驯的骏马，既让它跑得快，又提前系好了缰绳。

老板能够驾驭的员工，才是老板需要的员工。

我曾经多次作为“空降兵”进入一些公司操盘。我在和老板谈的时候，都有一个明确的要求，那就是我必须有人事权。一般情况下，“空降兵”在公司没有根基，没有派系，很难得到下属的支持。为此，我会首先让老板授予我人事权，并在公开场合向所有人申明。之后，我会真诚地和每一个下属沟通、谈话，希望得到他们的支持。这一圈下来，基本上绝大多数人都会选择支持我，如果有人还有想法，我的策略很简单：在我这里，没有下策，只有上策，这种下属，我会立即让他卷铺盖走人，无论他是元老，还是能力强的员工。

公司是一个讲求效率的组织，老板没有耐心让每个人都满意，更没有精力去说服每一个人，老板能够驾驭的员工，才是老板需要的好员工。

强人强语

被提拔，是员工的“一夜暴富”，而提拔是老板对员工最好的激励。

“德智体美劳”全面发展的“五好”员工毕竟属于稀缺资源，大部分老板选人的第一标准并不高，就是在可选的范围内选择性价比最高的人。

优秀老板用人的第二标准是：德才兼备，以德为本。

优秀老板用人的第三条标准是：不机械地遵循“德才兼备”的原则，而是根据需要，灵活运用。

老板真正想用的人，是可以掌控的人，是可以驾驭得了的人。老板用着放不放心，能不能驾驭，这才是海面下的冰山。

骏马当然可以拉着车子飞奔，但若是这匹骏马失去了缰绳，恐怕就会酿成翻车事故了。

公司是一个讲求效率的组织，老板没有耐心让每个人都满意，更没有精力去说服每一个人，老板能够驾驭的员工，才是老板需要的好员工。

琢磨事还是琢磨人

人生的每个阶段，都像一道选择题。一个人的职业生涯，会遇到各种各样的选择题，选对了，平步青云，选错了，就得多走些弯路。

由于职业的原因，我经常给很多企业做培训咨询工作，很多人跟我讲："赵老师，了解老板需要什么样的人，当然很重要，老板是公司最有权力的人，我成天去琢磨老板的个人喜好，会不会有些不务正业？"

的确，老板是公司最有权力的人，由于隶属关系，职场的情况往往是：业务员怕经理，经理怕总监，总监怕分公司总经理，分公司总经理怕总经理，总经理怕董事长。老板的个人喜好，往往会形成一个公司的风格，很多公司的企业文化，就是老板向往的文化。

我曾经打趣地对他们讲，在民营公司，老板和员工的关系就像一夫多妻。究竟要琢磨事，还是琢磨人，前提要看你是不是“嫁”对了人。

其实，老板和员工的关系是双向的。老板可以选择提拔还是不提拔你；你可以选择跟着哪个老板干。

从我的经验来看，判断一个老板值不值得你跟着他干，只有一个标准：没有私心的老板不是好老板。如果有可能，你可以考察一个细节：一个老板，有一天发达了，跟他最久的那个人，现在过得怎么样，处于什么样的位置。跟他最久的人，不论能力如何，至少是最忠诚、最可靠的，如果这样的人，老板都不提拔，或者卸磨杀驴、过河拆桥，那你最好离这样的老板远远的。因为，即使你再努力，也做不到跟他最久的那个人那样好。

职场中遇到一个好老板、好上级，是非常幸运的。这里的“好”，并不仅仅是人品好，而是他愿意提携和培养下属。跟着一个好好先生，工作起来没压力，但发展空间也有限。很多职业技能不是培训来的，不是书本上学来的，而是跟着一个好领导多看、多琢磨，体悟来的。如果你能领会老板的工作思路、掌握他处理问题的方式，学习他的工作节奏及处理疑难问题的技巧，你成长得一定比别人快。好老板能够通过工作中的点点滴滴，在潜移默化中启发你的悟性，在不知不觉中开拓你的能力，从而让你走上职场发展的快车道。

究竟要琢磨事，还是琢磨人，前提要看你是不是“嫁”对了人。

能者多劳，能干的员工手头总是有大把的事情要做，当你的老板给你安排了一大堆事情，并且对你要求严格时，说明老板在很多事情上很倚重你，希望你能担当大任。如果他还经常带你去参加各种商务活动，那你离被提拔就不远了。即便不是如此，跟着他，你也能学到让你驰骋职场的东西。

一个人的才能、才华不等于成果，不等于结果，本事是靠真刀真枪干出来的，水平是靠久经考验练出来的。老板不会养闲人，如果你真有本事，能够做出成绩来，老板天天怕你跳槽，怎么会不给你高薪呢？

人必须对自己狠一点，吃苦在前，享受在后。要首先选一个好平台，跟一个好老板，好好干，干出成绩来，让钱来找你，而不是你去找钱。

如果你“嫁”对了人，那就得认真想想，是应该琢磨事呢，还是琢磨人？

我们先看这样一个让人深思的故事：

> 有位智者，在草地上给徒弟们上最后一课。
>
> 智者问：“如何除掉这些杂草？”
>
> 大徒弟说：“用铲子铲。”
>
> 二徒弟说：“用火烧。”
>
> 三徒弟说：“撒上石灰。”
>
> 四徒弟说：“连根拔去。”
>
> 智者说：“都试一下。如果没有除掉，一年后再来此相会。”
>
> 一年后，徒弟们都来了，唯独智者没来。但他的徒弟们看到满地生机盎然的庄稼，却没有一根杂草，终于悟到了一个道理：欲无杂草，必须种上庄稼。

其实，工作中，我们很多人之所以踌躇不前，并不是在想怎么做成事，而是在想，怎么不出事。有一种人天天想着除草，却压根没想过种庄稼。这一类型的员工，他们看起来很听话，老板说东，他们就朝东；老板说西，他们就朝西。他们做事，想着自己的小九九，给自己留退路，怕担风险；他们既不琢磨事，也不琢磨人，是职场中的庸才，不堪大用。

第二种人，天天梦想着升迁提拔，不过他们的注意力却落在如何迎合老板、搞垮竞争对手上，对他们而言，除草就是除掉竞争对手。这一类型的员工，不琢磨事，只琢磨人，他们有着非同寻常的人际敏感和权谋能力，如果公关能力又很强，就会像花蝴蝶一样扑来扑去。这类员工，如果用错了地方，就是职场中的小人。

第三种人，他们本性善良，为人真诚，做事踏踏实实，有着令人敬佩的务实精神。他们不琢磨人，只琢磨事，只低头拉车，却很少抬头看天，他们是职场中的大多数。

第四种人，他们既琢磨事，又琢磨人。他们属于职场中的翘楚，往往极容易成为领导者，要么是老板，要么是高管。

第一种人不堪重用。第二种和第三种人经常闹矛盾：前者务虚，后者务实；前者讥笑后者，后者也讥笑前者。第四种人，属于少数人。

多琢磨事，少琢磨人；先琢磨事，后琢磨人。

那么，作为一名职场人，我们应该做哪种人呢？我认为，应该做第五种人：多琢磨事，少琢磨人；先琢磨事，后琢磨人。

其实，琢磨事和琢磨人，是一个硬币的两个面，放弃哪一面，都不合适。

琢磨事，是一个人的立身之本。工作不是游戏，想玩就玩；工作不是恋爱，需要投其所好。公司是个营利组织，要为组织贡献价值，才能生存。工作更像是婚姻，你需要忍耐，需要从点点滴滴中学会经营。人际关系、个人能力、沟通能力等都很重要，但是立身之本应是事情本身。老板会因为你创造了价值而雇用你，而不会因为你人际关系好而雇用你。说白了，一个人做事的能力才是立身之本，其他都是辅助要素。

人的精力是有限的，而人是琢磨不完的，所以应该将精力聚焦到琢磨事情上来。很多人把时间和精力花在琢磨人上，结果耽误了琢磨事。

中国有相当多的老板是做业务出身，做业务，琢磨事，为他们积累了丰富的基层经验。而那些醉心于琢磨人的人，往往很难做成事。

一个人做事的能力才是立身之本。

那是不是说，琢磨人不重要？当然不是。“种花须知百花异，育人要懂百人心”，要想被提拔，还是要懂人性。

西汉开国丞相萧何是一个善于琢磨事的人，因为表现太好，却被刘邦怀疑心存异志。为了打消刘邦的顾虑，他也做了一些强取豪夺的恶事。“水至清则无鱼”，皇帝有了下属的把柄，心里便踏实了很多。萧何在关键时刻，琢磨透了老板的心思，得以善终。

在我看来，琢磨人有时候就像一盒火柴，一味重视它，有些荒唐；如果不重视它，那也很危险。

子曰：“质胜文则野，文胜质则史，文质彬彬，然后君子。”琢磨事好比是“质”，琢磨人好比是“文”，两者共同发展，方可大成。对于企业而言，一个人越往高层升迁，就越要重视琢磨人，选人、育人、留人、用人是管理者的重要职责。

琢磨事与琢磨人就如同一个包子中分别包了两种馅，包子的味道如何，取决于这两种馅的比重。在不同的阶段，这两种馅的比重不同。基层员工要以琢磨事为主；中层员工要多琢磨事，适当琢磨点人；高层管理者要以琢磨人为主，琢磨事为辅。

一个优秀的职场人明白，办公室不仅仅有政治，更重要的是要讲策略，以事情为导向，而不是以人为导向。

那么，在实际工作中，职场人应该如何把握琢磨事和琢磨人的度，从而获得提拔的机会？

1. 要让老板信得过、靠得住

谁不愿意用自己人呢？因为自己人更可靠。所以要琢磨老板的心思，成为老板的心腹。我们常说：机会面前，人人平等，但是机会并不会平均分配。成为老板的心腹，就会获得更多提拔的机会、成长的机会。

2. 要琢磨大局

琢磨事，不仅要小处着手，更要大处着眼。公司毕竟是个整体，老板会优先考虑整体利益。如果你是一个基层员工，你所在的团队就是一个整体；如果你是一个部门总监，你的部门就是一个整体。你要明白大局之上还有一个大局，小团队、小部门的利益要服从整体利益。

3. 要有进取心

爱琢磨事的人，往往进取心更强。而老板喜欢有上进心的人，这些人“吃着碗里的，看着盘里的，想着锅里的，惦记着地里的”。很多老板乐意提拔和培养肯吃苦的人，就是因为吃过苦的人，有斗志，以事情为导向，成长潜力大。

4. 要嘴巴严

哪个公司没有秘密，哪个老板没有禁忌？说三道四的长舌妇，往往最不可靠。雍正帝曾说：“慎密二字，最为要紧，君不密则失臣；臣不密则失身。可不畏乎？”悟透了这段话，就学会了职场做人之道。

5. 要人缘好

你要和上下左右的人都搞好关系，即使是竞争对手。一个人，付出热心，就会获得别人的热心；付出真诚，就会收获别人的真诚。要与同事处好关系，成为朋友。良好的人际关系，能为你的提拔加分。

一个人越往高层升迁，就越要重视琢磨人。

其实，琢磨人也好，琢磨事也好，关键看你处在什么样的位置上，在什么山，要唱什么歌。老板想提拔什么样的人，和你想成为什么样的人，只是一个问题的两个侧面。

强人强语

人生的每个阶段，都像一道选择题。一个人的职业生涯，会遇到各种各样的选择题，选对了，平步青云，选错了，就得多走些弯路。

老板和员工的关系就像一夫多妻。究竟要琢磨事，还是琢磨人，前提要看你是不是“嫁”对了人。

判断一个老板值不值得你跟着他干，就一个标准：没有私心的老板不是好老板。

人的精力是有限的，而人是琢磨不完的，所以应该将精力聚焦到琢磨事情上来。

琢磨人有时候就像一盒火柴，一味重视它，有些荒唐；如果不重视它，那也很危险。

你学不了杜拉拉

《杜拉拉升职记》当年十分火，那时，职场人有了一个新昵称——“杜拉拉”们。从小说到话剧，从电影到电视剧，“杜拉拉”一路受捧。

杜拉拉是何许人？小说中说，杜拉拉，南方女子、姿色中上，没有特殊背景，受过良好教育，在外企历练8年。从月收入2500元的外企行政助理做起，最终坐上全球500强公司HR（人力资源）总监交椅，月收入25000元。

杜拉拉的职场成长史，简直就是为成功学量身打造的经典范本：一不小心面试成功，然后在三个月的时间内搞定公司装修、年会、新品发布会等重要任务。一年时间内，做行政，懂人事，学公关，样样精通，简直成了“杜铁人”。不只如此，“杜铁人”还学会了办公室政治。她就像电脑游戏中的超人，一路上踩小怪打老怪跳壕沟，好不威风！在一个500强的企业，要时刻斗上级斗下级斗同事斗情敌，还能连升三级，这就算不是奇迹，也是传说。

具备了游戏中的神力，“杜铁人”还得像游戏里的神人一样足够单纯，倔驴一样的她放弃了生活，一门心思地和工作斗争，为升职不惜越级上访。而古怪的老板生下来就是为了找杜拉拉的麻烦，再加上其中穿插的大量HR工作的点滴细节，为很多人“学习取经”提供了一个范本，被许多职场人士奉为真实的职场攻略、职场“菜鸟”必修课。

那些试图通过自我奋斗来实现人生价值的年轻人，有了杜拉拉这个楷模，一定会满怀豪情壮志！他们会追问自己：杜拉拉能做到，我为什么不能做到？正如这本小说的广告语一样：“她的故事比比尔·盖茨的更值得参考！”

但是，你学得了杜拉拉吗？

在我看来，你学不了杜拉拉。

先说个人条件。杜拉拉的教育背景是本科毕业。在当前“本科生满街走，硕士多如狗，只有博士可以抖一抖”的环境下，的确不算优秀，但要是再加上姿色中上、毅力超强、性格单纯、悟性奇高这些特质的话，现实的职场中恐怕找不出几个人来。

再说杜式经验的适用性。我们选择一个人为榜样，其实就是选择了一个参照标准。

有这样一个故事：

从前，有个人听说了一种识别瓷器质量的方法：用一只瓷器轻击其他瓷器，若声音清脆，瓷器一定质地良好；反之，则质地较差。有一天，这个人来到一家卖碗的店里。他如法炮制，却发现每一只碗发出的声音都不清脆。最后店员拿出一只价格不菲的青花碗，他还是不满意。

店员不解地问："先生，您为什么总拿着一只碗轻碰它呢？"

这个人说，这是一种辨别瓷器质量的方法。

店员一听，立即取过一只质量上好的碗交给他："麻烦您用这只碗去试试。"这个人换了碗，再去轻击其他碗，声音变得清脆起来。

原来他手中拿着的是一只质地很差的碗。

选择一个人为榜样，就是选择了一个参照标准。如果参照标准错了，那么你眼中的整个世界也就错了。

职场也是如此，如果你的参照标准错了，那么你眼中的整个世界也就错了。如果杜拉拉式的成功技巧，具有一定的借鉴意义的话，那也只能在500强企业里，对于广大的中国式民营企业而言，杜拉拉的经验，很难学习，也没必要学习。

最后说说，企业需要不需要超人。我在讲"以小搏大的冠军赢销"课程时，曾经和很多老板探讨过这个问题。大多数老板都认为，企业不需要超人，需要能人。

如果企业遇到了危机，大家都希望出现一个英雄，“挽狂澜于既倒，扶大厦之将倾”，这种豪情万丈、激情澎湃的英雄气概，的确激动人心。但是，在我看来，这种英雄最好不要有，一个管理良好的企业，不会有英雄，只有一帮恪尽职守的平凡人。管理大师彼得·德鲁克在《卓有成效的管理者》中说：“管理得好的工厂，总是单调乏味，没有任何激动人心的事件发生。”细细琢磨这段话，我们才能体会出道理所在：公司的一切行为都是为了做有效的事，而不是追求轰轰烈烈的效果。

公司是一个经济实体，一切要按市场规律去办事，英雄可以救急，但救不了命。像杜拉拉这样的全能超人，往往更容易破坏规则。如果都像杜拉拉一样，稍不满意就越级上访，企业的管理流程和制度，就全都成了摆设。

其实，小说毕竟是小说，当不得真。杜拉拉只是一剂麻醉药，给处于晋升焦虑症的职场人些许安慰而已。那么，作为职场中的普通人，我们应该向哪些人学习？学什么？

从我这些年在职场的观察、总结来看，对一个员工，尤其是中国民营企业的员工而言，最值得学习的人是他身边的人。这个人可能是他的老板，也可能是他的顶头上司，甚至可能是他的同事。总结起来，他们具备以下四个方面的共同特质：

1. 准确的判断力

所谓准确的判断力，就是对趋势的把握能力，说白了，就是透过现象看本质的能力，能够预见事物的发展前景。判断力主要包括：敏锐的感知能力、良好的推理分析能力、认清局势的能力、区分主流和支流的能力。一个人一旦培养出这些特质，就能提高悟性，就能够洞悉事物的本质，并以恰当的方式处理问题。一个人，只有在长期的职业生涯中不断提炼、不断总结，才能具备良好的判断力。

一个优秀的老板，往往能够从一个不起眼的细节中，得出一个整体的判断。记得七八年前，我在一个营销论坛上做主题演讲，当时我提出一个观点：中国快速消费品最容易做成品牌的是那些“哑巴行业”，譬如洁具、毛巾、鞋袜等行业。这些行业都没有消费者认可的品牌产生，谁做广告谁火。当时听课的老板中，有一位是做毛巾生意的，他回去之后，立马大刀阔斧地进行公司结构调整，并且专门组建了品牌公关部。一年后，他给我打电话，邀请我做他的营销顾问，并且强调，他的成功是受到我的观点启发。我很惊讶他的商业嗅觉和行动力，因为此时，他的品牌推广已经做得小有起色了。后来这个老板所经营的产品，果然成为大众品牌。

公司的一切行为都是为了做有效的事。提升判断力最有效的办法就是回到现场去。

很多人，从他所看、所听到的信息中，并不能提取有价值的信息，结果机会就在这个过程中溜走。我做老总的时候，经常对我的下属讲，一个管理者一定要有判断力，提升判断力最好的办法就是回到现场去。生产部门有生产部门的现场，研发部门有研发部门的现场，业务团队有业务团队的现场，人力资源有人力资源的现场，这些现场，提供的是最真实的信息，反映的是最真实的问题。

一个职业人，如果只待在自己的岗位上，不去观察他所接触到的其他人的工作现场，他就无法得出准确的判断，也不能真正提升自己的水平。判断力就是在细节和现场这样的点滴中，逐渐积累和培养起来的。

2. 务实的工作作风

作为一名管理者，我们要坚持扎实工作的作风，切忌浮躁。这一点我深有感触，中国大部分企业，创业期短，管理不完善，问题一大堆。从混乱到规范，这是一个企业发展的必然历程。作为员工，我们不要急于抱怨现状，不要用书本上的理论来要求现实中的企业尽善尽美，也不要指责这个不好，那个不好。很多人的抱怨都是站着说话不腰疼。同样，企业的用人规则和制度，也存在这样那样的问题，最重要的是，我们要尽量去解决问题，提出切实可行的建设性意见。扎实工作，求真务实，要不唯书、不唯上，只唯实。

不务实就会抱怨，抱怨就会浮躁，而浮躁就会超出自己的能力去想问题、办事情。据调查显示，中国43%的年轻人想成为大企业家；20%的年轻人希望自己未来年薪可超千万。如果一夜暴富、快速成功成为一个人的行为准则的话，这样的人怎么会安心工作？这样的人，领导又怎么敢放心提拔呢？很多人之所以失去被提拔的机会，就是因为老板觉得他不踏实。有句话说得好：响得最厉害的轮子，不一定最先被上油，更有可能最先被换掉。

3. 良好的情绪管理能力

在我看来，管理者的情商比智商更重要。一个人的情商取决于他的心态，不同的心态会产生不同的情绪，不同的情绪在处理问题的时候会产生不同的结果。

我们设身处地地想一想：如果早上上班，你的领导一脸怒气，见谁都不打招呼，进了办公室的门，砰的一声将门关上，你一定会想：“老大是被老板批评了，还是跟他老婆吵架了呢？”你有了这样的心理暗示后，若工作上有问题，还敢去请示领导吗？

我认为，很多不成功的人并不是他们没有机遇，也不是他们资历浅薄，更不是他们能力不行，而是他们没有控制好自己的情绪。优秀的管理者冷静而且理智，喜怒不形于色，将工作和生活截然分开。连自己的情绪都管理不好，又怎么去管理别人呢？这正如歌德所说：“谁不能主宰自己，谁就永远是一个奴隶。”

4. 综合素质强，同时有专长

企业不需要完美的全能超人，但是需要综合素质强的人才。任何一个职位，都有与它联系密切的人和事，要按照业务的要求，熟悉与自己职位相近的工作，做业务的要懂点产品知识，做管理的要懂点财务知识，做研发的要懂点营销知识。要通过企业内部提供的各种培训机会，弥补职业短板。除此之外，还得掌握点人力资源技巧。弥补短板，是为了增强你的管理能力，而决定你价值的，是你的长处。

在二十多年的职业生涯中，我一直奋战在营销一线，营销是我的专长，但我尽自己所能，前后系统学习了管理、财务、资本运作等领域的知识，这对提升我的操盘能力，起到了非常好的作用。

就我接触的管理者来看，具备以上四种能力的人，并不少见。也许你是职场中的小虾米，但你一样可以找到一个榜样。向那些你可以学习的人学习，掌握你可以掌握的职业技能，朝榜样的方向，成就你自己。

强人强语

我们选择一个人为榜样，其实就是选择了一个参照标准。职场也是如此，如果你的参照标准错了，那么你眼中的整个世界也就错了。

企业不需要超人，需要能人。

一个管理良好的企业，不会有英雄，只有一帮恪尽职守的平凡人。

一个管理者一定要有判断力，提升判断力最好的办法就是回到现场去。

不务实就会抱怨，抱怨就会浮躁，而浮躁就会超出自己的能力去想问题、办事情。

尊上不媚上，使下不欺下

职场是一个缩微的社会，有社会的地方，就有利益；有利益的地方，就有争斗；有争斗的地方，就有矛盾。升职是职场中利益关系的聚集点。提拔德才兼备的人，是老板调整利益分配、激励员工的手段。作为升职者，我们又应该如何做人处事呢？

在我看来，一个人不外乎三样东西：面子、里子、底子。一个优秀的职场人，应该把面子给老板，把里子给下属，把底子给自己。这个底子，就是职业操守和底线。

我有一个做药品的朋友，他在这个行业的资历很深，有一次我们喝酒，我问他：“兄弟，都说你们这行最容易出事，你干了这么多年了，怎样做到不出事的呢？”

他说了一段话，我至今记忆犹新。

“哥们，这行容易出事，谁都知道。但我丢不起这人，我怕你们这帮哥们看不起我。”

企业为了持续发展，建立了各种奖惩制度，这是让人不能做；而各种职业化培训，教育人不要做；国家颁布的各种法律法规限制人不敢做。我这位朋友的境界更高，他是不想做。

什么是职业操守，什么是底线？就是明白什么事可做，什么事不可做。有操守和底线的人，更容易赢得别人信任，职场之路也会走得更远。很多人不屑于操守，而醉心于权术。作为管理者，我们懂点权谋，有好处，但最重要的还是要修炼内心，守住底线。即使是那些最出类拔萃

明白什么事可做，什么事不可做，是一个人的职业操守和底线。

的人，也不要去挑战最基本的道德底线。很多人心机用得过多，内心变得阴暗，从而失去“得之坦然、失之淡然、争之必然、顺其自然”的气度，也失去了自我净化的能力。

历史人物中，我最崇拜曾国藩，我认为所有的职场人，都应该学习曾国藩。曾国藩是清朝三百年第一名臣，在仕途的初期，他竟能九年连升十级。他的为官从政之道、识人用人之法，历来被人称道。就连毛泽东、蒋介石、梁启超这些叱咤风云的人物，也是曾国藩的“铁杆粉丝”。

历史作家汪衍振在《曾国藩发迹史》一书中记录了一个细节：道光二十八年（1848 年），38 岁的曾国藩为表清白，堵住政敌的恶言诽谤，当众把自己脱得精光，光着屁股走进银库清点现银，查清了国库亏空真相。这一举动使已身居四品的曾国藩，赢得了道光皇帝的信任，仕途一路顺利。

曾国藩一生阅人无数，他的职业操守，或者说为官准则就是：“尊上不媚上、使下不欺下”。仔细揣摩这句话，的确发人深省。一个人在一个职位上，都有上下两层关系，处理上下关系的态度，最能体现一个人的品行。如果一个人媚上欺下，说明他私心很重，品行不端，而职场中最重要的操守就是要有公心。

一般而言，上级领导权力更大，也承担更大的责任。尊上就是理解老板的战略意图，理解老板的需求和关注点，理解老板想要什么，坚决执行老板已经确定的策略和方针；尊上就是替老板分忧，尊重上级领导是工作的需要。不媚上就是不去玩虚的。对于企业而言，归根结底还是要业绩说了算。除非你与老板有非同寻常的关系，或是创业元老，或是亲戚。

有些人把尊重上级等同于献媚上级，讨好上级。有些干部“话拣好的说，饭拣好的吃，礼拣好的送”，费尽心机，并不是为了搞好工作，而是为了一己私利。这样的人，缺乏公心，老板怎么能信任，又如何敢提拔？

使下就是给下属布置工作，不欺下，就是不以权压人。在职场上，那些飞扬跋扈、仗势欺人的人，往往很难带好团队，也很难有所成就。

一个人欺上瞒下，可以一时，不能一世。长此以往，他最终会造成领导不信任、下属不满意、众叛亲离、四面楚歌的局面，这是古今中外概莫能外的规律。

处理上下关系的态度，最能体现一个人的品行。

一个人，能对上级不卑不亢、对下级平易近人，这样的人，凡事有公心、有底线、有操守，想不升迁都难。

对于职场人而言，如何修炼职业操守呢？我认为要学会三思：即思危、思进、思变。

思危就是要居安思危，要有危机意识。

我们常说“高处不胜寒”，但我们中的大部分人，身处高位的时候，往往得意还来不及，哪里还有空闲冷静思考危险的存在呢？

如果你注意观察，你会发现：很多年轻人，读书的时候刻苦努力，几十年如一日；某一天，工作了，进入职场，却反而不知所措。原因就在于，读书的时候，虽然辛苦，但是他知道目标所在，而一旦实现了目标后，他却不知何去何从了。很多人把“向上爬”当成自己的目标，爬上去之后干什么，却往往一片茫然。

其实，当你的职位上升了一个台阶时，你的客观环境就发生了变化。原来将事情做完了就是做好了，现在只有将团队带好了，业绩才能上去，才是真的做好了。在新的标准下，你必须要懂得自己的弱势所在，必须要为团队负责。思危就是要时刻提醒自己，你的角色变了，你的担子重了。

思进，就是要有责任心，要能承担压力。

知道了危险就要想办法规避风险，就要迎难而上、突破瓶颈。

我们先看一个案例：

有一年，我为一家服装公司做营销咨询。这家公司刚刚搞完一次国庆促销活动，效果不理想，于是老总开会，分析原因。我作为专家列席他们的会议。

市场部经理说：国庆促销不理想，我们有责任，但主要是我们的新产品开发速度太慢，研发部门难辞其咎。

研发部经理说：我们推出的新产品少，那是因为财务部给的预算太少了，我们的设计师都没钱去巴黎参加时装大会。没钱怎么开发新产品呢？

财务部经理说：你们的预算是减少了，原因是公司今年的成本直线上升，老板要求各个部门必须削减预算，这也是老板同意的。

老板看了看三位部门经理，淡淡地说："看来，这是我的责任了。"

不久，这三位经理都被老板炒了鱿鱼。

一个人，在其位而不谋其政，做什么事都找借口，不敢于承担责任，这样的人不能胜任工作，不仅不能得到提拔，还可能被扫地出门。

现在，很多"80后""90后"已经走上管理岗位，他们当中大多数是独生子女，从小生活在父母的保护下，往往心理脆弱，一旦走出家门，进入另一个环境，开始面对现实，就会有一种失落感——找不到在家里当"宠物"的感觉而容易心理偏激，或者弱不禁风，或者承受不住压力。

能够承受压力，才能做事；能够承担责任，才能做成事。这其实是职场人非常重要的一种素质。

思变就是要创新，及时总结成败得失。

在我看来，成功都是阶段性的。要想持续地成功，就必须时刻求变、时刻总结。一个没有创新精神的人，会成为公司的累赘，不敢创新是没有职业操守的表现。

其实，创新并不难，创新就是每天改变一点点，就是每天进步一点点。优秀的管理者，会及时总结自己工作上的成败得失，哪些需要继续保持，哪些需要及时调整，哪些需要重点开拓，哪些需要重新规划。经过日积月累，就是脱胎换骨的大变化。美国著名的企业家哈默说：“天下没有坏买卖，只有蹩脚的买卖人。”在工作中能够创造多少价值，就看你愿意融入多少智慧。

在其位要谋其政。能够承担责任，才能做成事。

职场人，有此“三思”而后行，就一定知道公心为上、私欲为下；保持操守为上，放弃底线为下。这样的人，老板才会见了开心、用着放心。

强人强语

一个优秀的职场人，应该把面子给老板，把里子给下属，把底子给自己。

什么是职业操守，什么是底线？就是明白什么事可做，什么事不可做。

作为管理者，我们懂点权谋，有好处，但最重要的还是要修炼内心，守住底线。即使是那些最出类拔萃的人，也不要去挑战最基本的道德底线。

一个人欺上瞒下，可以一时，不能一世。长此以往，他最终会造成领导不信任、下属不满意、众叛亲离、四面楚歌的局面，这是古今中外概莫能外的规律。

很多人把“向上爬”当成自己的目标，爬上去之后干什么，却往往一片茫然。

能够承受压力，才能做事；能够承担责任，才能做成事。

升职不是潜伏出来的

当菜鸟遇到老江湖

你是见皮鞋就擦的人吗

为啥北极熊不吃企鹅

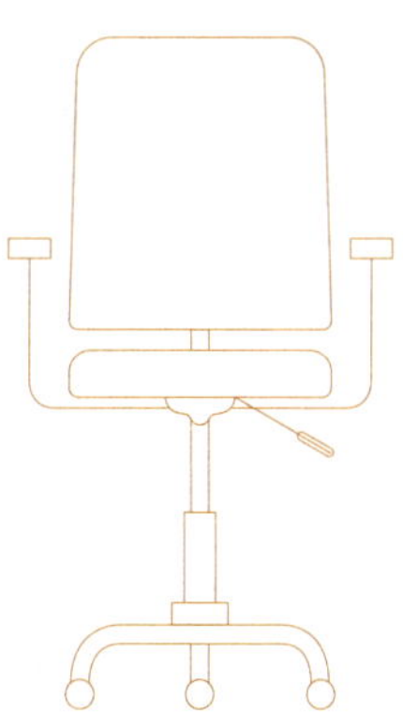

机会不只会垂青于一部分投机分子，更会垂青于大部分实干家，实干比钻营要累，但积累下的经验和业绩，却能受用终生。

当菜鸟遇到老江湖

两三年前，我给一家国内知名的服装企业做营销策划。这家公司安排行政主管小王负责接待工作和项目的跟进。小王是个年轻人，二十七八岁，名牌大学硕士毕业。他很有悟性，学什么都很快，但我每次见到他，他的表情都很木然，愁眉苦脸的。有一次，项目组聚餐，席间，我和他有了下面这段对话：

小王对我说："赵总，我非常佩服您的冠军赢销策略，这些实战经验，在书本上是学不到的。企业只有做冠军，才能生存，那您觉得作为个人呢？也应该成为冠军吧？”

我说：“其实，我讲的冠军赢销策略，是企业营销活动中的一种态度。只有独一无二，才能成为冠军。当然，作为个人，我们在企业中要发展，也应该有这样一种态度。”

我看得出来，他是在很谨慎地提问：“赵总，您也是从基层做起来的，到今天，也算是冠军了，您在做第一份工作的时候，每天快乐吗？”

我有些纳闷，他很突兀地问这样的问题，但我很认真地回答：“很快乐，人生的第一份职业，都是充满梦想的。”

他接着问：“那当时，你们单位有人事斗争吗？严重不严重？”

我很诧异，但仍然很认真地回答：“我不知道。”

他接着问：“那你参加了单位的派别吗？”

我很惊异地反问：“有派别吗？我怎么不知道。”

他有些失望地说：“赵总真是个奇人，难道作为一个新人，你不需要熟悉一下单位的人际环境吗？即使你把工作做得再好，老板看不见，你怎么有被提拔的机会呢？”

我明白了他的意图，但我还是真诚地对他讲："小王，你说的也许是对的。但当时我真的没时间。那时，我是《中国经营报》的记者，我每天要到一线去采访，要向很多专家约稿；晚上我还要参加各种活动，了解最新的信息；回到家，我要读书，要学习；周六日我还要去图书馆，因为当时我还在编一本广告方面的图书。我连我自己手头的事情都做不完，哪有时间和精力，去关心别的事情呢？"

小王听后，沉默了很久。

我经常遇到像小王这样的职场新人向我取经，他们最想掌握的是：怎样工作，才能被老板看见；怎么用心思，才能爬上去。职场真的如此吗？不斗智斗勇就不能生存、不玩心计就会一败涂地？通常这个时候，我会告诉他们："看来你的老板还真不错，让你闲成这样，有时间思考怎样钩心斗角。省省心，多做做提升自己能力的事吧。"

其实，谁比谁傻呢？员工也好，老板也罢，他们之间或许有利害关系，但是谁都不比谁傻，关键是你要看明白。真正的高手是不用心机的。所谓"不用心机，胜于心机”。况且老板都是人精，何必要费力地玩弄权术呢？能被员工看破的老板一定不是好老板，对于见多识广，在江湖混了很多年的老板而言，职场的小菜鸟跟他们玩心眼，耍权术，很多时候未必管用。职场菜鸟心机过度，往往会适得其反。发展自己的能力，多将心思放在工作上，不是更好吗？

俗话说：“甘蔗没有两头甜”，这么简单的道理，很多人为什么就不懂呢？说到底，现在很多职场人得了一种“升职焦虑综合征”，他们巴不得快速成功，他们敏感多疑，内心充斥着一种强烈的投机心态。市面上大量的粗制滥造的职场升职秘籍，就是这种心态的折射。

谍战剧《潜伏》火爆的时候，有位叫陆琪的作者，写了一本书《潜伏在办公室》，讲述小人物在职场的潜伏技巧、升职密码。一些职场人将这本书作为生存范本，奉为圭臬。

这本书的作者先说：“授人以道德，看起来是善，但人们无法生存，实质是恶。”然后又说：“只要你的目标正确，那你可以用一切合法的手段去实现它。”按照作者的逻辑，学会生存的技巧比有道德要重要得多。既然生存如此重要，又何必要目标正确呢？更何况，当一个人精于玩心眼、耍手腕、装孙子的时候，你能相信他的目的是纯洁的，目标是正确的吗？有些人，靠拉帮结派、阳谋阴谋、上下钻营来“成就”自己。这种人，成则自我膨胀、飞扬跋扈；败则上蹿下跳，煽风点火，他们不是职场人的主流，更不应该是职场人学习的榜样。

平心而论，作者的一些观点，并非没有借鉴价值。比如，做事要小心，跟领导相处要讲方法等。但是，成功也好，升迁也罢，我们不能为了实现目标，就不择手段，用弱肉强食的丛林法则粗暴地解决问题。这或许说明：作者的职业阅历太浅薄，职业能力太业余，因而制造出了一个想象中的职场。在这个职场中，主管们忙着相互拆台，不惜一切代价将公司搞垮；员工们主要任务是揣摩上意，如何站好队，至于业绩做得好不好，绩效合格不合格，都与他们无关。这哪里是职场？分明就是战场，就是宫廷啊！

其实，职场毕竟不是战场，非要你死我活、“白刀子进去，红刀子出来”才是胜者；职场也不是宫廷，非要尔虞我诈、机关算尽，才是赢家。在“长江后浪推前浪”的职场上，找到一方属于自己的舞台，遵守规则，积极参与竞争，才能脱颖而出，才堪当大任。

凭我二十多年的职业生涯经历，我相信自己亲身体验的职场百态可以反映职场的真实状况：职场有“潜规则”，但显规则是主流；职场需要用技巧处理好人际关系，但心态比技巧更重要；钱很重要，但挣钱的品行和能力更重要。

我发现一个非常有趣的现象。凡是那些升不了职的人，都爱这么说：“老板用人不公平啊，那些溜须拍马的人，都上去了。咱们这些干实事的人，永远没机会。唉，咱就是不会拉关系，朝中无人没靠山嘛！”多么无辜，多么体面的说辞，却从没有人认为自己的能力不行、素质不够。因为这是最有面子的理由。

很多人为什么会有这样一种心态呢？在人们的潜意识中，总是认为玩玩心眼、用用心计、动动嘴皮子，比踏实肯干，容易多了；如果有人升职了，那一定是跑了关系、走了后门。其实，如果你没有真本事，遇事又总是想着怎么投机取巧，你的行为，别人看在眼里、记在心里，长期下去，老板又怎么愿意提拔你呢？没有人愿意用滑头和小人。况且，心计过多，不仅心累，在左右权衡的过程中往往还会错失机会。那为什么不怀揣一颗平常心，先把自己做好呢？

职场有“潜规则”，但显规则是主流；职场需要用技巧处理好人际关系，但心态比技巧更重要；钱很重要，但挣钱的品行和能力更重要。

这个世界没有你想象的那么美好，也没有你想象的那么残酷！职场的大部分地带是灰色的。正如海水和淡水交汇的地方，都会有鲜美的鱼，因为那里营养最丰富。在灰色地带，你更贴近工作的现实，更接近升职的彼岸。职场中的成功者，大部分都是那些讲规则、有底线、有能力的人。

因此，如果你是职场中的菜鸟，如果你是职场中的小人物，就要明白：升职不是潜伏出来的，而是凭本事干出来的，靠学习提升起来的，用经验累积上来的。

我们生活在一个高速发展的时代，很多人为了求快钱、求快发展，把实干精神抛诸脑后，一夜成功的投机心态，让很多人迷失在这个时代中。有人总结出了“豆芽现象”，很值得我们反思。豆芽的生长速度极快，几天时间，就能抽长六七厘米，且外表看起来既壮硕又饱满。然而，豆芽的质地却异常脆弱，稍遇外力便应声断裂。长得快，却水分太多，容易折断，这不是现在很多职场人的鲜明写照吗？

有的人做了小主管后，就急着再往上提升，不再过问基层业务，久而久之业务开始生疏，也无法辅导下属，这样的人，能力空壳化，就如同容易折断的豆芽一样，升得快，也折得快。还有的人，为了短期内做出漂亮业绩，还没有建立良好的客户基础，就急于求成，结果业绩大起大落。类似这样的现象，值得职场人警醒。

脚踏实地，才能根基牢固。拥有一技之长，是安身立命的本钱。

其实，做任何事都需要一个过程。脚踏实地才能根基牢固，才不会在真正用的时候不堪一击。在我看来，职场人总有一段不得不走的弯路。人生总有一些错误，你肯定会犯；总有一些弯路，你肯定会走；总有一些亏，你必须得吃。犯一次错走一趟弯路不要紧，只要我们懂得反省，抹抹眼泪，舔舔伤口，明天又是崭新的一天。

说实话，玩心计、做小人还真是个技术活，心肠没有石头那么硬，脸皮没有城墙那么厚，口齿没有唐伯虎那么伶俐，嘴巴没有和珅那么甜，智商没有孙膑那么高，没有经过名师授业、高人指点、自我锤炼，这种瓷器活，您最好还是别接。弯路总得走，经验总得积累，即使是踏踏实实地磨洋工，也得磨出经验来。当菜鸟将那些学来的半生不熟的技巧、权谋、秘诀，挖空心思地用在职场中时，灾难或许就真的降临了。老板会认为，你这种员工不踏实，爱走捷径，你的前程因此而断送。对于大多数人而言，踏踏实实做好工作，认认真真管好自己，比什么都重要。

职场上，好多人不是花精力去突破他职业的天花板和瓶颈，而是花精力去研究那些靠权谋上位的成功案例，其实，靠心计成功的人和靠运气成功的人，都不过是极少部分。相比之下，靠实干成功的人，更容易赢得上司、老板持续的信任，而靠权谋上位的人，往往荒废了业务，降低了岗位的胜任力，一旦出现人事地震，往往因为能力滑坡而失去更好的发展机会。人们常说：“家有良田万顷，不如薄技在身。”拥有一技之长，是安身立命的本钱；而精通某一专业，则是飞黄腾达的前提。机会不只会垂青于一部分投机分子，更会垂青于大部分实干家，实干比钻营要累，但积累下的经验和业绩，却能受用终生。

我真切地希望，我亲爱的读者朋友们，不要参与到办公室的一些是是非非之中，不要混入到任何“办公室帮派”，而要把每一天兢兢业业的工作都看作是一种投资，把精力都聚焦在分内事上，这样你就迟早有出头的一天。因为，你的注意力在哪里，你的命运就在哪里。注意力对人来说，就像阳光，注意力所及之处，就成长；忽略，就枯萎。

强人强语

员工也好，老板也罢，他们之间或许有利害关系，但是谁都不比谁傻，关键是你要看明白。真正的高手是不用心机的。

升职不是潜伏出来的，而是凭本事干出来的，靠学习提升起来的，用经验累积上来的。

职场人总有一段不得不走的弯路。人生总有一些错误，你肯定会犯；总有一些弯路，你肯定会走；总有一些亏，你必须得吃。

机会不只会垂青于一部分投机分子，更会垂青于大部分实干家，实干比钻营要累，但积累下的经验和业绩，却能受用终生。

你的注意力在哪里，你的命运就在哪里。注意力对人来说，就像阳光，注意力所及之处，就成长；忽略，就枯萎。

你是见皮鞋就擦的人吗

喜欢看美国大片的朋友，一定看到过这样的场景：某个人要完成一件任务，当他邀集帮手时，第一句话一定是："哥们儿，想赚100万吗？"其实，这并不是电影艺术的想象，在我们的现实世界中，这样的例子比比皆是。

我们爷爷辈的人卖牛肉面，会把肉放在面条下面。现在则把肉放在面条上，让顾客第一眼就能看见。

我们的父辈想求别人办一件事情，开口就说："大哥，能帮我一个忙吗？"

到了我们这一代，你要首先告诉对方，如果他参与，可以得到什么好处，然后才要说明需要他做什么。

环顾我们的世界，商家都在卖力地宣传他们产品的好处，打折、疯狂甩卖、尊崇体验，无一不刺激着你的感官。你要谈一个商业合作，对方也会首先考量你的实力。甚至你要谈恋爱、娶媳妇，对方却更关注你有没有房子和车子。这个世界本来就是一个势利场，你或许曾被人看轻过，甚至现在还在被人看轻，于是，你有足够的理由告诉我：我必须追求财富，必须成为一个成功者。我相信，有这样的想法，算不上什么错误，但很多时候，我们就是在这些看上去很正确的目标的导引下，放大了自己的企图心，并最终让自己的心欲壑难填。如果有人想发家致富，一定没有人说他的想法不好，但如果他采取了抢银行这样的方式来实现自己的目标，你还觉得这个想法是正确的吗？再正确的目的，一旦用错误的手段去实现，就会出问题。生活中总有很多人，为了成功，常

再正确的目的，一旦用错误的手段去实现，就会出问题。

常在正确的目的下不择手段。

你经常可以见到这样的人——他们的信条是："有奶便是娘，给钱便是爷"，和这样的人相处，你会感觉非常不安全，因为，贪婪早已将他变成了野兽。你也会经常碰到这样的人——他们八面玲珑，一切只考虑自己的利益，谁能给他带来利益，他就是谁的奴才。我把这两类人，叫作"见皮鞋就擦的人"，前者你要远离，后者你要提防。一个人有点贪心不好吗？很多人认为，一个没有野心的人，恐怕难以有所作为。的确如此。但是在回答这个问题之前，我们不妨先轻松一下，读读下面这个寓言故事：

一家专营女性婚姻服务的店在市中心全新开张，女人们可以直接进去挑选一个心仪的配偶。店门口立了一面告示牌：一个人只能进去逛一次！店里共有六层楼，随着高度的上升，男人的质量也越高，不过请注意，顾客能在任何一层楼选一个丈夫或者选择上楼，但不能回到以前逛过的楼层……

一个女人来这家店寻找一个老公。一楼写着：

这里的男人有工作。女人看也不看就上了第二层楼，二楼写着：这里的男人有工作而且热爱小孩。女人上了三楼，三楼写着：这里的男人有工作而且热爱小孩，还很帅。哇！她惊叹，但仍强迫自己往上爬。四楼：这里的男人有工作而且热爱小孩；令人窒息的帅，还会帮忙做家务。哇！饶了我吧！女人叫道，我快站不住脚了！但她仍然爬上了五楼。五楼：这里的男人有工作而且热爱小孩，令人窒息的帅，还会帮忙做家务，更有着强烈的浪漫情怀。女人简直想留在这一层楼，但仍抱着满腹期待走向最高一层。贪求完美的女人总是以为下一个男人更好。第六楼出现了一面巨大的电子告示板，上面写道：你是这层楼的第 123456789 位访客，这里不存在任何男人，这层楼的存在只是为了证明女人有多么不可能取悦。谢谢光临……

不久，一家专营男性婚姻服务的店在街对面开张，经营方式与前者一模一样。第一层的女人长得漂亮，第二层的女人长得漂亮并且有钱……结果，二层以上，第三层至六层的楼层从来没有男人上去过……

看懂这个小故事的人，都会会心一笑。其实，在婚恋关系这个问题上，女人和男人一样贪心。女人的贪心是追求完美，因而在行为方式上，她们更挑剔；男人的贪心是找到漂亮的女人，因而男人在行为逻辑上，攻其一点，不及其余。这就是为什么优秀剩女永远多于优秀剩男的原因，也是为什么婚姻里的怨女多过怨男的理由。

想想看，职场不是如此吗？很多人对升职的渴望，就像贪求完美的女人一样，总希望能找到那个完美的白马王子。因此，他们不屑于和那些能力有限的小老板共事，而是频繁地炒老板。他们总有这样的观念：最大的麦穗还在前面，眼前的这些人，不值得我付出真诚，不值得我投入忠诚。贪婪会让人疯狂，也会让人失去理智。

一个人在事业上有点野心，是有进取心的表现。但是，千万别被贪心所绑架，成为一个见皮鞋就擦的人。从我的职业经验来看，职场就仿佛洋葱，层层包裹，很难一下子看透洋葱的里面。任何一个老板，无论他对别人是否忠诚，他都希望你对他忠诚。

其实，对忠诚的理解不外乎两点：一是忠于职守，二是忠于领导。对工作恪尽职守，这体现的是能力和态度；是不是领导的人，这是你有没有机会被提拔的关键问题。或许你的能力经不起考验，但你的忠诚不需要考验。以前晋商做生意，在用人方面有条原则：对不起东家的人，坚决不用。

我在做培训的时候，经常和很多老板交流这个问题。

我说，如果你要投资一个5000万元的新项目，有两个人选，张三和李四。张三能力突出，有非常骄人的职业履历，但是他可能工作不太专心，而且经常有私活；李四是在公司成长起来的，能力平平，但是很可靠，这两个人你怎么用？大部分老板都会选择让李四做一把手，张三做副手。选择靠得住的人，这是老板们用人的核心原则。如果有一天，你的老板，在你不在场的情况下，对别人说，你是靠得住的好同志，那你离提拔就不远了。

熟悉《三国演义》的朋友都知道，关羽降曹后，曹操对关羽可谓仁至义尽。先是让关羽驻军下邳，可谓信任有加；然后接见关羽时，为关羽系鞋带，可谓礼贤下士；最后甚至将自己最喜欢的赤兔马送给关羽。平心而论，曹操是个雄才大略的好老板，要是换成另外一个人，恐怕早已是感激涕零、肝脑涂地了。但是关羽心中却只有刘备，只忠于刘备。“人在曹营心在汉”，正是因为关羽具备这种义薄云天的情义观，他在后世才被神化为关帝。

中国人的心理结构中，有天然的情义观。我们每个人的工作，都是和具体的人打交道，毛病再多的人身上也会有闪光之处。“买卖不成仁义在”，无论怎样，同事之间至少都应有一份情义值得守护，这是我们每个人应该做的选择。那些一切以权谋斗争为主的丛林式生存方式，必然会遭遇现实和道义的双重打击，这正是那些八面玲珑的人的悲剧所在，这也正是那些见皮鞋就擦的人的悲剧所在。

历来统治者最讨厌的未必是贪官，而是不忠诚的官员——背主自肥的人。你可以浑身是毛病，但最好没有这个毛病——不忠诚；有的人你可能不待见，但你最好别不待见老板。对于一个能力强的人而言，让老板感觉安全最重要。

或许你的能力经不起考验，但你的忠诚不需要考验。选择靠得住的人，是老板们用人的核心原则。

在我的从业经历中，我经常发现这样的事：创业时，大家一团和气，某一天，公司规模做大了，有些创业元老就开始飞扬跋扈，时间一长，老板就不得不狠下心来剪除这些危害公司发展的强人。一个人的能力可以度量，忠诚却难以评估。当一个人的能力大到威胁整个公司生存的时候，老板考虑的往往是公司的可持续发展，自然会打压那些目空一切的人。个人的作用再大，也不能威胁组织的成长。一旦个人威胁到组织的发展，个人再怎样优秀都会被牺牲掉。而提拔那些最可靠的人，就会成为老板的不二选择。

从做事的策略上讲，我们应该如何让老板放心呢？换句话说，我们应该如何体现自己的忠诚？我个人认为，一是要低调做事，苦劳是自己的，功劳是老板的。很多能力强的人，往往都贪功心切，结果适得其反。二是要看低自己，在工作中多考虑老板、公司和团队的利益与感受。我觉得一个心智成熟的人，一定要懂得如何处理自己和公司的关系。他会认识到，当面对公司的时候，别把自己当回事，这样才能最快地赢得别人的信任；当面对自己的时候，要把自己当个人物。因为只有把自己当个人物，你才能有动力、有激情、有梦想。

不做见皮鞋就擦的人，心态就会平和；节制自己的贪欲，将那些附着在我们身上的精神脂肪褪去，你的身心就会健康。网络上流行这样一个段子：

> 上幼儿园后，把天真弄丢了；上小学后，把童年弄丢了；上初中后，把快乐弄丢了；上高中后，把思想弄丢了；上大学后，把追求弄丢了；毕业后，把专业弄丢了；工作后，把锋芒弄丢了；恋爱后，把理智弄丢了；按揭后，把下半生弄丢了；结婚后，把自己弄丢了；外遇后，把家庭弄丢了；当官后，把自己弄丢了。

其实，在职场中，我们是否也把忠诚给弄丢了、把幸福给弄丢了呢？工作是为了让我们活得更幸福，而不是让我们变得更可恶。什么是幸福？时下流行一种诙谐的回答：“幸福就是猫吃鱼，狗吃肉，奥特曼打小怪兽。”从我的人生经验来看，我认为，忠诚的人幸福，幸福的人健忘。在一个财富被放大的年代，坚守一份忠诚，往往更能赢得别人的尊敬，也更能提升生命的幸福指数。以下几点，是我自认为忠诚而幸福的人的几个处世方法，对那些梦想在职场中获得提拔的人，或许有一点启示。

1. 莫比较

很多人把主要精力投入到选择更大的平台上，这山望着那山高，对与自己般配的职位总是看不上眼。正如女人看不上跟自己合适的男人一样。其实，选择公司或者老板，就是选择了一场恋爱，既然你已经投入到这场恋爱之中，那就不要太在意利害得失。

2. 给别人一点力量

见皮鞋就擦的人，心里只有自己，眼中只有利益。

人和人的价值观是不一样的。这种不同指的就是：给人一根蜡烛，有人会觉得差一个蛋糕，有人会觉得缺一根火柴。忠诚的人，能给别人力量，无论你的忠诚是为了妻儿幸福，还是为了事业有所建树。

3. 发现阳光面

你见过一个阳光的人，让人不寒而栗吗？醉心于权谋，只会让你的心理更阴暗；而专注于生活中那些积极的、阳光的方面，你才能更好地找到自己的位置。

4. 知足常乐

人生并不是只有登顶才是快乐的，很多时候，帮助别人登顶，也是幸福的。能很好地给自己的能力打分，忠诚于一个你能发挥价值的公司，总比你在一个大平台做廉价劳动力要强。

强人强语

很多时候，我们就在这些看上去很正确的目标的导引下，放大了自己的企图心，并最终让自己的心欲壑难填。再正确的目的，一旦用错误的手段去实现，就会出问题。

任何一个老板，无论他对别人是否忠诚，他都希望你对他忠诚。

或许你的能力经不起考验，但你的忠诚不需要考验。

一个人在事业上有点野心，是有进取心的表现。但是，千万别被贪心所绑架，成为一个见皮鞋就擦的人。

一个心智成熟的人，一定懂得如何处理自己和公司的关系。他会认识到，当面对公司的时候，别把自己当回事，当面对自己的时候，要把自己当个人物。

见皮鞋就擦的人，心里只有自己，眼中只有利益。所谓价值观不同指的就是：给人一根蜡烛，有人会觉得差一个蛋糕，有人会觉得缺一根火柴。

人生并不是只有登顶才是快乐的，很多时候，帮助别人登顶，也是幸福的。

为啥北极熊不吃企鹅

冯小刚的电影《非诚勿扰 2》中有一个经典的桥段：孙红雷和葛优参加一个防止北极冰川融化的义卖活动。一个女嘉宾以保护企鹅宝宝的名义出售一瓶白酒，孙红雷以 50 万元买走。女嘉宾很感激，说："这回企鹅宝宝有救了。"孙红雷说："北极冰川距离融化还有一段时间，不会那么快；而且企鹅宝宝也不会那么快就死。"然后他神秘兮兮地问女嘉宾："为什么这么多年来没有报道北极熊吃企鹅宝宝的消息？"女嘉宾一脸惊讶地问："为什么北极熊不吃企鹅宝宝呢？"葛优笑呵呵地回答："因为北极熊在北极，企鹅宝宝在南极，它们照不上面。”

其实，电影中这个搞笑片段，换个场景，在我们生活中天天上演。我们经常做南辕北辙的事情。我们会在职业生涯的某一个阶段蓦然发现，好多时候，人和人之间很难真正地理解，也很难实现平等对话。在企业里，因为地位、专业知识的差别，经常会出现同事之间难以沟通、老板的想法难以琢磨的情况。我们生活在矛盾和误解中，但实际上，我们不过是一个在南极，一个在北极而已。

人和人之间很难真正理解，也很难实现平等对话。沟通不畅必然会产生误解，而误解是职业生涯的杀手。

我常说，要经营自己的人生。经营是什么呢？经营其实就是经营人性，你不了解人性，又怎么能够做到人性化呢？职场中的大部分矛盾都来自对人性的不了解，进而产生误解。比如说，我们其实很容易就同情弱者，但是我们都愿意追随赢家。一个人作为普通的员工，他追随别人；一旦他成为老板，就是别人追随他。这种位置和权力的改变，造成了心态和观念的差别。我们其实无法做到消除误解，但是我们至少可以做到善解人意。我的经验告诉我，那些善解人意的员工，在人际关系中更主动，也更容易获得提拔的机会。

有缘看下面这段文字的读者诸君，我真诚地希望你能静下心来体悟其中的含义。

这是我亲身经历的一件小事。

有一年，在广东，我请几位老朋友吃饭。那是一家环境优雅的茶餐厅。用餐结束后买单，结账单上的价格是755元，于是我拿出800元给服务员。服务员收钱后什么也没说，我稍等了一下，以为服务员会找钱给我，但服务员一点动静也没有。我想，算了，可能人家忙，将这事忘了，于是就大步流星地出了餐厅。

走出餐厅后，我突然想起服务员好像说过还要加50元的服务费。我才意识到应该是我还欠人家5元才对。于是我又回到餐厅，赶紧把5元钱递给服务员。服务员收钱后，冷冷地说："幸亏你想到了，不然我还以为，像你这样的大老板，也贪5块钱的小便宜！"

虽然这件小事过去了很多年，而且最终误会也化解了，但每次想起这件事情，我都会认真地提醒自己，应该从这5元钱中吸取教训。的确，5元钱，对我们每个人来说都微不足道，但是，那位服务员的行为，是不是在我们的工作中经常发生呢？想想我们是不是经常遇见这种想说又碍于面子不好意思说的事情？很多时候，我们是不是在默默地忍耐某些人的行为？而事实上，我们可能误解了别人，而别人根本就不知道哪里做错了。结果，我们心里特别不舒服，别人的名誉也因此受损。

生活中我们经常会发现类似的“5块钱”的事情。媳妇觉得婆婆洗的碗不干净，怕影响婆媳关系，于是偷偷把碗再洗一遍。婆婆觉得，媳妇嫌弃她不干净，心里很不高兴；而媳妇觉得自己通情达理，干了活还得受委屈，自然也是很不开心。

职场中不也是如此吗？总有领导、同事让你做很多事情，虽然你也乐意效劳，但是这些事情，总让你觉得是额外的要求。你做了，心里却咬牙切齿、满腹牢骚。为什么就不能说出口呢？我们总是想，不就是吃点亏嘛，何必要跟别人争呢，因此不去清晰地表达自己的看法；我们总是为了面子，丢了里子，却不肯告诉别人你的底线在哪里；我们总是觉得自己很委屈，别人不理解自己，其实，很多时候，是别人根本就不知道如何理解你。

沟通不畅必然会产生误解，而误解是职业生涯的杀手。因为误解会产生错觉，削弱你的判断力和洞察力，降低别人对你的信任，削弱你在老板心目中的地位。很多人在面对误解时，并不是重新调整自己的心态，而是自以为是，结果害了自己。

一个聪明的职场人懂得如何减少误解，他们了解人性，深谙及时沟通的重要性，积极地把握人际交往的主动权。那么，这些职场的成功者们是如何减少误解的？有哪些可以学以致用的方法？

以自己的从业经历来看，我总结了如下几点减少误解的方法：

1. 要明确一个人做一件事的目的或意图

在犯罪心理学中，犯罪动机研究是其中非常重要的一部分内容。人的行为方式都是有动机和目的的，但是，人往往会将目的隐藏起来。所以，我们要修炼自己判断目的的能力。比如说，船停泊在港湾里最安全，但那不是造船的目的；人待在家里最踏实，但那不是人生的目的。我们很多人，往往被表面现象所迷惑，结果做事不得要领，找不到适当的方法。

> 小王给领导送礼时，两人的对话如下：
> 领导："你这是什么意思？"
> 小王："没什么意思，意思意思而已。"
> 领导："你这就不够意思了。"
> 小王："小意思，小意思。"
> 领导："你这人真有意思。"
> 小王："其实也没有别的意思。"
> 领导："那我就不好意思了。"
> 小王："是我不好意思。"

这是一段文字游戏吗？不是，这是我们现实生活中的场景。送礼者的目的是将礼送出去，而受礼者往往会有很多顾虑，因此，表面上双方在推拒，实际上在相互试探。在这种推三阻四的试探中，彼此心照不宣，事情才得以办成。当然，我举这个例子，不是教大家怎么送礼，而是想告诉大家中国人做事的方式。中国人喜欢讲面子，表达意见往往拐弯抹角，很含蓄，真正的目的很多时候云山雾罩，隐藏在一些细节中。这个时候，你需要准确地把握到彼此的意图在哪里，目的清楚了，你就不会被表象迷惑。

2. 不要闭门造车

毛主席说："没有调查就没有发言权。"职场中的很多误解，往往是由于我们对实际情况不了解造成的。这里有一个管理咨询中的小故事，可以帮助大家来理解这个问题。

好多年前，亨利·福特聘请了一个管理专家来评估福特汽车公司员工的出勤表现。专家提交了一份对福特汽车公司的员工表现高度赞扬的报告，其中只指出了一个员工的问题。

专家对亨利·福特说："那个懒散的人整天待在办公室浪费你的钱。每次我经过，都看到他把腿支在桌子上闲待着。"

亨利·福特回答说："那个人曾经出了一个主意为我们公司省了上百万美元，他想到那个主意的时候，脚也是那样架在桌子上。"

没有人怀疑管理专家的专业能力，但是为什么他会出现误判呢？因为他没有深入地去了解问题，只是从一些表面现象想当然地得出结论。职场中很多人，常常不假思索地得出一些结论，而这些结论，只是他的个人感觉。企业需要实战、实用、实操的东西，闭门造车、想当然，只会让人觉得你的专业能力有限。企业是一个复杂的系统，不同职位的专业知识差别很大，不要按照自己的想法想当然地去判断问题。

3. 不要自以为是

这是我的一位学员的来信和我的回信：

尊敬的赵老师：

您好！

您看到这封信的时候，我已经离开了这家公司。非常抱歉，我不知道该怎样跟您讲，但是我真的对公司很失望。

您知道，在公司销售部，我和小刘都是销售经理。但是我进入公司要比他早三年，在这个行业，也算很资深了。而且我的业绩一直是公司第一，我不明白，老板为什么会提拔小刘为总监，而不是我？

坦白说，小刘的业务能力一般，每次他遇到不懂的业务问题，或难处理的单，我都倾囊相助。您知道的，我处事风格果断，每次和小刘搭档打单的时候，都是我做决定。在别的部门同事的眼中，我早就是小刘的领导了，而现在，他被提拔了，我真的接受不了。

今年，公司业务发展迅猛，销售总监被调到其他分公司做副总经理了，公司准备内部选拔一位负责人。我们部门同事都认为我是不二人选，私底下很多同事已经称我为“杜总监”了。老板提拔了小刘，这对我来说是个巨大的打击。我感觉就像先是被人捧上了天，然后直落地狱。一看到同事们在一起聊天并发笑，我就疑心他们是在嘲笑自己。

真的，赵总，我这个跟斗栽得实在是太狠了，简直没法在别人面前抬起头来。尽管马上就要到年底了，但我宁可放弃年终奖，也要跳槽。我实在是过不了自己这一关，一分钟都不想再在这个公司待下去。

写这封信，我希望赵老师能帮我指点一二，这件事，搞得我很痛苦。

祝好！

您的朋友　杜林

下面是我回信的部分内容：

杜林：

你好！

听到你离开公司的消息，我很遗憾。思虑再三，给你回这封信，希望通过这件事，你能真正获得成长。对此，我权且分享一点我自己的看法，希望对你的职业生涯能有帮助。

在公司要发年终奖的时候，你突然离职了。让你毅然选择离开的只有一件事：在公司的最新人事变动中，被提拔的是同级的小刘，而不是呼声最高的你。我相信，你内心一定感觉很不公平。无论资历、能力、业绩、人缘，你都认为自己做得很好。正因为如此，你想当然地认为，你被提拔为总监，是理所当然的事情。在你的信中，你对老板更多的是抱怨，我想知道的是，在老板准备提拔的时候，你是否和他有过深入沟通？没有“向上沟通”，就可能造成误解。老板可能因此觉得你居功自傲，甚至，当你的同事在背地称呼你为“杜总监”的时候，你是否及时做过澄清？这可能会让老板觉得你有拉帮结派的嫌疑。这些可能，你可曾考虑过？这些问题，你可曾与老板推心置腹地谈过？

其实，公司是一个权力场，每个人在这个场域中都扮演不同的角色。你很优秀，但对于公司这样一个组织而言，优秀不代表你会被提拔。你的想法不代表老板的想法。升职并不全是能力和资历决定的，甚至也不一定是人缘好决定的。对于总监这样的中层职位而言，老板想要的是一个信得过的人，而你，尽管优秀，却让老板感觉不到信任，这种误解，或许让你失去了这次机会。

……

另外，你在公司的行为太高调了，你的自信满满会让人误解为自以为是。你做事果断，但不向领导汇报，果断在别人的眼里就是武断。

或许你会说我站着说话不腰疼，你有你的难

处，我能理解。但我希望你能面对现实。知道自己错在哪里比重复犯错要幸运得多。是非曲直，往往很难明辨，但我们知道从哪里跌倒的，就一定能从哪里爬起来，你说呢？

我知道你现在很怨恨，但我希望你能尽快治好伤疤，坚强地站起来。晚清名臣张之洞有两句座右铭：“何以止怨？曰不争。何以止谤？曰无辩。”谨以此共勉。

你的朋友　赵强

人都相信自己胜过相信别人，所以才会自以为是。当我们是接受者时，似乎一切都是理所当然的；而当我们成为付出者时，才知道一切看似“本该如此”的事情，背后有多少牺牲。当我们是付出者时，才会计较回报。读者如能从这两封信中，获得点滴的启示，那就能真正懂得如何付出、如何回报，进而明白，减少误解，就是获得了大回报。

其实，每个人都有获得升迁的机会，而其中一个重要的原因是你能否减少别人的误解。经验和方法都是很简单的，但只有消化吸收了以后才能产生能量，不然就是智商中的脂肪。

强人强语

沟通不畅必然会产生误解，而误解是职业生涯的杀手。

船停泊在港湾里最安全，但那不是造船的目的；人待在家里最踏实，但那不是人生的目的。我们很多人，往往被表面现象所迷惑，结果做事不得法。

当我们是接受者时，似乎一切都是理所当然的；而当我们成为付出者时，才知道一切看似“本该如此”的事情，背后有多少牺牲。当我们是付出者时，才会计较回报。

知道自己错在哪里比重复犯错要幸运得多。是非曲直，往往很难明辨，但我们知道从哪里跌倒的，就一定能从哪里爬起来。

小虾米如何变身大白鲨

职场达人的加减乘除

放手，还是放手一搏

破格提拔的秘密

让你的顶头上司升职吧

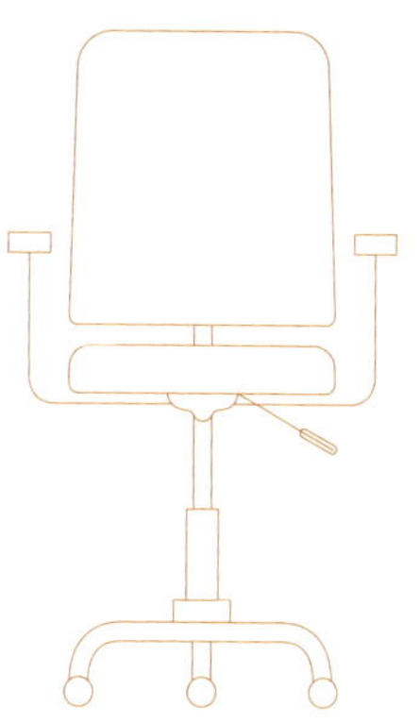

让人遗憾的工作，只有一个——现在的工作；让人期待的工作，也只有一个——下一个。如果把你的选择看作一次投资，那请不要害怕投资失败，因为失败了也是资本。

职场达人的加减乘除

营销策划是个创意行当，最能挑战一个人的思维能力和实战水平。出于职业习惯，我经常在想：为什么中国的大学生就业这么难？对于一个经济总量已排名世界第二的庞大国度来说，消化几百万的大学毕业生，难道是很难的事情吗？就我了解的企业现状来看，大部分企业都缺少销售人员和专业技术性人才，很多企业为了招揽人才，不惜重金，但却收效甚微。而我们也经常看到这样的新闻，很多地县级政府部门招录公务员，几百个人竞争一个职位，为什么旱的旱，涝的涝，出现这么严重的供需失衡呢？

企业有巨大的人员需求，却不能聘用到急需的人才；政府部门不需要那么多人，却有大量的求职者涌向这些职位。这种结构性失衡的现象，难道不值得我们深思吗？

抛开我们无法改变的社会因素，我发现，很多求职者与其说是找不到工作，不如说是找不到自己。他们害怕面对挑战，害怕直面现实，希望寻找一个旱涝保收的工作，不需要努力，不需要付出，一劳永逸地解决问题。在企业的生存压力大，而在政府部门，则相对要容易得多，这其实才是考公务员热兴起的社会心理原因。然而，我们处于一个前所未有的商业时代，商业时代的主流，就是强调竞争和张扬个体的奋斗精神，也许你是职场中的小虾米，也许你正在为获得一份心仪的工作而苦恼，但你必须对自己负责，必须为自己寻找方向感。

寻找方向感，说得专业点，就是自我定位。具体到职场中，就是找到你的位置，才能找到你的价值。一块好砖，放在城墙上和放在厕所里，价值是不一样的。会开车的朋友一定有这样的经验：如果你在一个路口走错一步，最多时需要多走四个路口来纠错。正因为我们是小人物，在事关职业发展的大问题上，更要少走弯路，小虾米更要“站步高，留步宽”。这就如同你要追求一个美女，你总得了解人家的喜好（客户需求偏好），评估一下自己的实力（岗位匹配程度），搜集一些竞争对手的信息（竞争情报分析），有了这些，你才能做出合理的判断——追还是不追、怎么追？职场也是如此，你给自己一个什么样的定位，就会有一个什么样的地位。所谓“头三年定好位，后三年有地位”，说的就是这个意思。

头三年定好位，后三年有地位。对自己有一个清晰的定位，做自己能做到的事，知道自己的价值，给别人一个选择你的理由。

那么，什么是职场人的自我定位呢？

著名演员吴秀波在一次接受媒体采访时说：“那些自信的人做了企业家，自嘲的人去说相声了，自恋的人做了主持人，像我这样自闭的人，只好做演员。”职场定位的第一层含义就是知道自己是谁，能做什么。

一个女孩喜欢你，可能是因为你有一种独特的魅力吸引了她；一个老板付给你更高的薪水，是因为你能创造和别人不一样的价值。给别人一个选择你的理由，这就是职场定位的第二层含义。

喜欢雪的朋友，有没有观察过雪花的形状？事实上，雪花在形成之初都是一样的，但在下落的过程中，随着它们遇到的温度、湿度、下降速度和气流的不同而变得不同。雪花如此，人亦如此。时间就像一把刻刀，残酷地雕琢着我们，在职场的摸爬滚打中，每个人所处的平台、境遇、时机及掌握的资源不同，人生也因此有了不同的轨迹。所以，职场定位的第三层含义就是你和别人有什么不同，如果没有不同，那就要制造差异、制造不同。

所谓职场人的自我定位，说白了，就是知道自己几斤几两，目前在职场中是个什么角色，将来要成为一个什么样的角色。人生就像一场戏，什么角色演什么戏！如果你现在还是个小人物，那就先做好小人物的事；如果你现在是麻雀，那就先不要做凤凰的梦；如果你现在是灰姑娘，那也别梦想马上变身公主。

现实生活中，很多年轻的职场人因对自己定位不清而陷入迷茫。刚刚参加工作，就想赚够买房买车的钞票，而实际上有可能做到这一点的，是极少的一部分。当梦想遭遇现实时，他们就满腹怨言，总觉得父母欠他们的太多了，老板亏他们的太多了，社会对他们太不公平了。他们羡慕富二代，抱怨为什么富二代能过上锦衣玉食的生活，而他们不能，这种不切实际的横向比较扭曲了心态。

我在自己的公司——赵强冠军赢销策划机构，也经常面试求职者。我发现，凡是刚刚大学毕业的人，往往要求不高，有一份工作即可；工作两三年后的求职者，期望的薪水都在6000到8000元；而那些30多岁的求职者，要求往往比较客观，一般都希望根据工作能力来商榷月薪。很多企业愿意用那些有一定经验和阅历的人，就是因为他们对自己有一个清晰定位，做自己能做到的事，知道自己的价值，明白现实世界的冷暖。

自知者明，职场中的小虾米们，认清自我，踏踏实实从头做起，比什么都重要。那么，有什么方法，来更好地指导我们进行职场自我定位呢？方法是有的，在我们掌握方法之前，先看一个小故事：

有一天，贫困之神和财富之神一起来到了一个人面前，问他："我们俩谁更漂亮？"

这个人很害怕，于是急中生智，开口道："你们都在原地站着，我无法判断。你们走几步让我看看吧。"

贫困和财富二神开始走来走去。这个人打量了他们一番后，说："您，贫困之神，离去时背影非常漂亮；您，财富之神，走来时身姿非常迷人。"

这个故事说出了所有职场人的心声：贫困离我们越远越好，财富离我们越近越好。但是，这个故事背后，反映的不正是我们一种贪婪的心态吗？人们总是希望得到一切最好的东西。正如有个小伙子对我说："赵老师，我的人生定位啊，就是20年后要成为中国首富。"我笑呵呵地说："我相信，你有这个可能。但我希望你的人生定位中不仅是成为首富，还要成为首福——最有福气的人。”

我们很多人，总是将职业目标误以为人生目标，一切都以钱和权来衡量。在他们的观念中，做什么事，都是做加法，永无止境地积累财富、毫不犹豫地占有一切。这种心态，不可能有一个理性的职场定位。我们每个人，都有自己的劣势，如果职位需要你弥补这种短处，那就必须做加法；有些工作，我们能够做，但是做不到最佳状态，那就应该做减法；有些工作，我们做起来很有天赋，那就让你的天赋锦上添花，这是做乘法；还有一些工作，无论我们怎么努力，都难以尽如人意，那就果断地放弃，这是做除法。通过“加减乘除”，我们可以确定自己应该在哪些区域发挥价值。这些区域，我称为“最佳才能区”（如图 3-1 所示）。

一个聪明的职场高手，用流行的话说，叫职场达人，应该学会运用“加减乘除”四种方法，来锚定自己的职业路径。

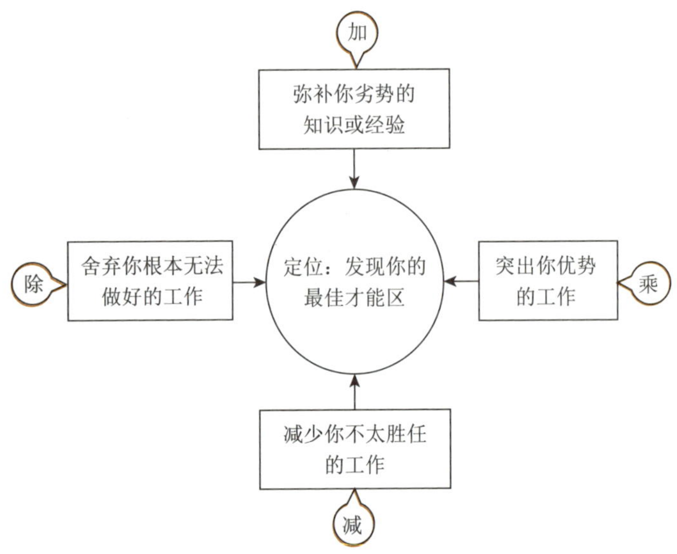

图 3-1　通过“加减乘除”发现最佳才能区

1. 做加法

所谓做加法，就是“有所为”。就是弥补你的知识或经验缺陷，这些知识或经验往往是你的短板。

在企业中，我们经常看到这样两类人：一类是销售出身的人做管理，中国的很多老板，都是做销售出身；二是技术出身的人做管理，企业中很多中层领导都是这样提拔起来的。但是，优秀的销售员未必能成为优秀的销售经理；优秀的工程师也未必就是优秀的领导者。这两类人的特点是，基层出身，业务纯熟，他们最需要弥补的短板就是学会管理，学会如何领导团队。但是，我经常发现，这两类业务精英，一旦成为管理者，往往更容易在工作中迷失。

我们来看一个故事：

有一个农夫一早起来，告诉妻子说要去耕田，当他走到田边时，却发现耕田的机器没油了；原本打算立刻要去加油的，突然想到家里的三四头猪还没有喂，于是转回家去；经过仓库时，看见旁边有几只马铃薯，他想起马铃薯可能正在发芽，于是又走到马铃薯田去；途中经过木材堆，又记起家中需要一些柴火；正当要去取柴的时候，看见了一只生病的鸡躺在地上……这样来来回回跑了几趟，这个农夫从早上一直到夕阳西下，油也没有加，猪也没有喂，田也没耕，最后什么事也没有做好。

类似农夫这样漫无目的的行为，职场中每天都在发生。很多人，其实根本不知道自己的精力应该聚焦在哪些方面，他们的时间因为失去目标，而被随心所欲地浪费了。

很多管理者是典型的业务员心态或工程师思维，只知道按照自己的兴趣去做事，而忘记了他应该承担的责任。做加法就是往工作最需要的地方使劲，而不是东一榔头西一棒子，像无头苍蝇一样团团转。

2. 做减法

所谓做减法，就是有所少为。

减少那些你不太胜任的工作。有些工作你可以做，但不能做到最好，不能有效发挥你的优势，类似这样的工作，能减则减。很多人有一种将就的心态，为了获得可观的薪水，做着自己不太喜欢的工作。我不赞成大学生创业，因为老板这个职业，绝大多数人都很难胜任。有这样一种说法："世界上两件事最难：一是把自己的思想装进别人的脑袋，二是把别人的钱装进自己的口袋。——前者成功了叫老师，后者成功了叫老板，两者都成功了叫老婆。”在一个你不太胜任的岗位上勉为其难，是一种痛苦，职场人应切记。

3. 做乘法

所谓做乘法，就是有所多为。说得直白点，就是“做你最拿手的菜”。

一个人最擅长做的工作，就是他的名片。每个人的兴趣、天赋是不一样的：有的人天生是谋略家，那适合去做老板的幕僚；有的人是销售高手，那应该去一线拼杀；有的人属于工程师类型，那应该去搞研究。每个职位代表着一种独特的专业优势，需要不同的角色和岗位能力去匹配，一个人的职业规划，应该向能发挥自己潜能和优势的方向延伸。

有一次，我看了一个电视节目，讲的是老虎和狮子谁更厉害：狮子被人称为“非洲霸主”，老虎则号称“兽中之王”，都是大名鼎鼎的超级猛兽，但它们一个在草原，一个在森林，彼此不照面。让老虎和狮子相争，这个很难发生的场景，却很吸引人，两个“终极杀手”之间的竞争，谁会胜出呢？科学家们根据各种数据推测及电脑模拟，得出结论：如果在体能各方面相对同等条件下，老虎和狮子相争，狮子胜出的概率较高。为什么呢？原来，老虎喜欢单打独斗，它的突袭能力强，而狮子则是团队猎食，它们的实战经验多。在一个狮子兵团中，狮子能掌握更多的实战技巧，而老虎则要逊色一些。

这个节目给了我深深的震撼。群体协作是强大的保障，一个人要放大他的优势，最有效的办法就是在一个优秀的团队中获得足够多的实战经验。这也是为什么在一个大平台上，往往更容易提升一个人的能力。如果你要为自己的优势锦上添花，那我希望你尽快加入到一个优秀的团队中去。

4. 做除法

所谓做除法，就是有所不为，就是要剔除那些影响你奔跑的赘肉。

我有一个哥们，为人忠厚老实，原来在出版

社做编辑，因为文字功底好、工作踏实，出版社领导提拔他做编辑部主任，一开始他坚辞不受，后来耐不住领导的思想动员，勉为其难当上了编辑部主任。在这个职位上，他干得很辛苦，但也很称职。不久，上级机关来人找他谈话，要他出任机关办公室主任。他很犹豫，但还是答应了。一方面，办公室主任是个人人羡慕的肥缺，他也想在事业上有所作为；另一方面，他又担心自己的适应能力。办公室主任也叫“什么都管主任”，既要协调上下关系，又要搞好后勤服务，很多时候，还要处理复杂的人际关系。而这些都不是他的强项。几年下来，在这个职位上，他是苦不堪言：离自己熟悉的业务工作越来越远，行政工作也力不从心，进退两难。

通过“加减乘除”，我们可以确定自己应该在哪些区域发挥价值。做加法就是弥补知识和经验缺陷；做减法就是减少不太胜任的工作；做乘法就是“做你最拿手的菜”；做除法就是放弃不与才能不匹配的工作。

职场中，总有一些工作，是你无法胜任的。放弃那些你根本不能胜任的工作。如果你确实努力了，还不成功的话，那就不是你努力不够的原因，恐怕是努力方向与你的才能是否匹配的事情了。这时候最明智的选择就是赶快放弃，及时调整，及时调头，千万不要在一棵树上吊死。

通过“加减乘除”，我们可以确定自己应该在哪些区域发挥价值。做加法就是弥补知识和经验缺陷；做减法就是减少不太胜任的工作；做乘法就是“做你最拿手的菜”；做除法就是放弃不与才能不匹配的工作。

亲爱的职场达人，以上所讲的“加减乘除法”，是我在二十多年的职业生涯中，逐渐总结出来的一点经验。我始终坚信，我们每个人都有一个最佳才能区，一增一减，才能放大你的能量；一乘一除，才能扩展你的心胸容量。只有会定位的人，才懂得选择。

强人强语

很多求职者与其说是找不到工作，不如说是找不到自己。

如果你在一个路口走错一步，最多时需要多走四个路口来纠错。正因为我们是小人物，在事关职业发展的大问题上，更要少走弯路，小虾米更要“站步高，留步宽”。

所谓职场人的自我定位，说白了，就是知道自己几斤几两，目前在职场中是个什么角色，将来要成为一个什么样的角色。人生就像一场戏，什么角色演什么戏！

群体协作是强大的保障，一个人要放大他的优势，最有效的办法就是在一个优秀的团队中获得足够多的实战经验。

我们每个人都有一个最佳才能区，一增一减，才能放大你的能量；一乘一除，才能扩展你的心量。

放手，还是放手一搏

在任何一个组织中，拥有鲜花和掌声的，永远都是一小部分人。有人说：“我们都是职场的小人物，在单位无权无势，每天忙忙碌碌、兢兢业业地工作，干出的成绩是上司的，出了纰漏，最先倒霉的却是我们。”也有人说：“现在的生存压力多大呀，每天面对工作，我都战战兢兢。遇到个好上司，还有升职的机会；要是遇到一个不通情理的老板，不给穿小鞋就不错了。”……我想，这些抱怨都是职场中的真实状态，但是滴水见阳光，一朵花里能看到天堂，不同的人眼里，往往有不同的世界。一些人的抱怨，却是另外一些人的机会。

诚然，我们每个人都是或曾经是职场的小虾米，但是小虾米就不能成长为大白鲨吗？通货膨胀、房价飙升、升迁渺茫、涨薪不力……年轻一代的生存压力确实很大，那我们为什么不化压力为动力，积极地去改变自己，适应现实呢？我亲爱的读者朋友，我们生活在一个选择多元、理念变革的时代，我们不应该迷失在这个时代中，我们应该学会选择——放手，还是放手一搏？

其实，学会选择并不是一件容易的事。心理学家曾做过这样一个试验：在召开会议时，先让人们自由选择位子，之后到室外休息片刻再进入室内入座，如此五至六次，发现大多数人都选择他们第一次坐过的位子。人们大都不愿轻易改变自己认定的东西。然而，人们总是对现在不满，而对未来充满了期待。你总会发现职场人的这样一种心态：让人遗憾的工作，只有一个——现在的工作；让人期待的工作，也只有一个——下一个。

寻求改变，还是不改初衷，这是职场人永恒的矛盾。我们总是生存在放手，还是放手一搏的困境中。下面这个小故事，或许能给大家一些不一样的启发。

统计学家卡奈曼做过这样一个测试：他在两个大罐子里，装了两种球。其中一个里面有 10 个球，其中 9 个白色、1 个红色，另一个罐子里有 1000 个球，其中 58 个红色、942 个白色，这些球的手感都是一样的。卡奈曼制定了游戏规则：每个人可以把手伸进这两个罐子中的一个，摸取一次球，如果摸到红色，就奖励 1000 元钱。

他请了很多人来完成这个测试。结果大多数人都选择把手伸进了那个装着 1000 个球的罐子里，而实际上在这个罐子里摸到红球的概率要比另一个罐子小得多。

大多数人为什么倾向于这样一个低概率、低收益的选择呢？原来，大多数人只注意到了，58 比 1 大得多。很多时候，我们做出选择，都是凭自己的感觉，而人的感觉往往并不准确。很多大家都认为对的事情，恰恰是不对的。真理总是掌握在少数人手中，职场也是如此。我们应该理性地去选择，而不是跟着感觉走。我们大部分人做不了老板，只能成为职业经理人。选择一个公司或者老板，就是你职业生涯的一次投资。很多人总是很容易被外在的好处所吸引，薪水的高低、职位的大小，容易使我们失去判断力。小虾米何以能成为大白鲨？这需要在一个恰当的时刻，做出对的选择。这个对的选择就是他进入了一个有发展前途的公司，或者跟了一个知人善任的好老板。

也许有人会说，不是我不会选择，而是我不能确认我的选择是否是对的。的确，运气也是人生的一部分。很多人的担心，其实是害怕未来可能的失败。然而，我要告诉大家，如果把你的选择看作一次投资，那请不要害怕投资失败，因为失败了也是资本。

学会选择并不是件容易的事，人的感觉往往并不准确。选择一个公司或者老板，就是职业生涯的一次投资。但也请不要害怕投资失败，因为失败了也是资本。

亲爱的职场中的朋友们，我经历了大大小小几十场惨烈的商战，我不敢说，我没有犹豫过，但我敢说，每次面临选择，除了相信自己的判断之外，我都是在和命运赌博。如果失败之后还能呼吸，那为什么不从头再来？如果挫折之后心有未甘，那为什么不收拾行装、继续出发？如果遭受打击了还能承受，那为什么不继续努力？不要轻言放弃，因为忍耐的下一秒，或许就是成功；不要害怕坚持，因为没有人愿意一辈子都在错过。

无论如何，如果你做了一个“艰难的决定”，那就为这个决定坚持下去。放手之后，就要放手一搏！在你放手一搏的过程中，下面这些建议，或许对你有用。

1. 不要怀疑自己的能力

是的，我们是微不足道的小人物，但是，小人物也有价值。小鸟可以帮助狮子吗？当然可以。因为它飞得高看得远，可以帮狮子看清前行的路。很多人担心自己经验不够、能力不行，这种想法大可不必，《福布斯》富豪榜上的人，初入职场时一样没有经验。很多出身于社会最底层的人，一样取得了非凡的成就。你难道不能吗？

2. 不要害怕犯错误

谚语说："常在河边走，哪能不湿鞋？"同样的道理，常在厨房走，哪能不切手？工作中犯错是必然的。重要的是我们如何面对错误——你可以犯错误，但不能没进步。那些曾经是或现在仍是小虾米的朋友们，当你一无所有的时候，你有什么可怕的？人生最大的力量，就是豁出去的力量，爱拼才会赢。

3. 不要去指责别人

从我的经验来说，判断一个人是否成熟，就看他能否真正地读懂人性。

有这样一个小故事：

一位家庭主妇给客人端上米饭，客人称赞说："这米饭真香！"

主妇兴奋地告诉客人："是我做的。"

客人吃了一口，又问："怎么糊了？"

主妇的脸色骤变，赶紧解释道："是孩子他奶奶烧的火。"

客人又吃了一口："还有沙子！"

主妇又答："是孩子他姑淘的米。"

人性中总有拈轻怕重、趋利避害、好逸恶劳的一面。如果在工作中，你的领导推卸责任，你的同事推三阻四，你的下属另觅高枝，请不要轻易地去指责他们，因为，这种情况，在你身上也有可能发生。做好你自己的事，才是最重要的。

4. 不要忘记让自己增值

每个人都有自己的优势，谁如果拿自己的短处去和别人的长处竞争，那一定是白痴。的确，一个人只有发挥自己的优势，才能做成事。但是，谁如果忽略自己的劣势，那一定会坏事。

我有一个朋友，是做服装生意的老板。这位哥们创业的时候，小学文化程度，对企业经营几乎一窍不通。有一天，税务局来查账，他很紧张，因为不懂财务制度，查出了很多问题，也闹了很多笑话。没办法，他开始努力学习财务。又过了几年，他的企业规模做大了，有人又告他品牌侵权，他只好硬着头皮打官司，于是他又去钻研法律。随着企业规模越来越大，他的公司开始做外贸，他又不得不学习外汇知识。这么十几年折腾下来，现在，他公司的销售额也有十几亿元，而他也以小学学历，成为业内专家。

中国的第一代企业家创业的时候，大部分都是白手起家，遇到什么问题，就解决什么问题。他们既要懂生产，又要会销售；既要善于经营，又要精于运作。他们靠什么成功？就是既发挥优势，又不忽略劣势。其实，从现代人力资源的角度来看，我们每个人都应该有一种才能增值的理念，职位需要什么样的能力，就应该及时学习什么样的知识。你可以是某个专业领域的高手，但你必须在其他领域拥有基本的知识。

既发挥优势，又不忽略劣势。职位需要什么样的能力，就应该及时学习什么样的知识。

职场中的很多人，都在不断强化自己的长处，这没错，但是，也希望你能关注一下自己的短处，尤其是影响你长处发挥的那些短处。

5. 不要有太高的期望值

每个职场人都对自己的未来有期待，升职加薪，抑或成为公司明星，因为我们每个人都有成就欲，都希望做出非凡的业绩。但是，如果你还是职场的小虾米，我希望你能调低自己的期望值，金字塔不是一天修成的，罗马也不是几步就能走到的。

我曾经有一个下属小刘，在集团总部企划部工作。他的能力很强，对一线市场的情况也比较熟悉，但是性格有些急躁。来公司已经两年多了，工作卖力，算是企划部的顶梁柱，他的直接上司很欣赏他。有一年，公司决定选调总部的一些青年干部去分公司任职，他也递交了申请，我思虑再三，还是否决了他的申请。于是他来找我，我至今仍记得当时我和他谈话的场景。

小刘："赵总，公司选调青年干部去分公司任职，我递了申请，您没有通过，我想不通……我想辞职。”

看他满脸通红，我说：“先不说你辞职的事情，你对这件事情怎么看？”

小刘搓了搓手，不大情愿地回答：“反正是我的资历不够呗，我也不知道公司的选人标准是什么。”

我说：“小刘，看得出来，你心里有怨言。而且论资历，你是够格的，论能力，你也是够格的。”

他很惊异地望着我，说：“赵总，那为什么不选择我呢？连公司来的新人，都有机会去，难道我的业绩做得不够好吗？”他顿了顿，说：“您这样做，也不公平啊。”

我不紧不慢地说：“小刘，你各方面都很好，但有一条，你不合格。”

他瞪大了眼睛：“什么？”

我很认真地说：“你缺少失败，缺少一次刻骨铭心的失败。”我望着他，很真诚地说：“小刘，我看了你的资料，从小到大，你都很顺，都是最优秀的。因此，你对自己的期待很高。我毫不怀疑你的能力，也相信你能做好。但是，去分公司任职，我希望这个人不仅能力很强，更重要的是他能带出一个能力很强的团队。在我看来，一个人没有经历过失败，就会对自己期待过高；同样，也会对别人期待过高。这样的人，是带不好团队的。”看着小刘若有所思的样子，我继续说：“如果你觉得我的做法不公平的话，那好，现在，我们来讨论一下你辞职的问题……”

小刘思考了很长时间，对我说：“谢谢您，赵总，我可以不辞职吗？”

我笑着说：“可以。”

第二年，我调小刘做了一个分公司的副总经理。其实，老板在提拔下属的时候，一定会有他自己的权衡。面对自己不能把握的事情，我们需要适时调整自己的期望值，要相信，是金子总会发光的。小虾米不是一天两天就能变成大鲨鱼的，不要期望老板很快满足你的愿望。

每个人都有选择美好的权利，每个人都有上进的自由。学会适时放弃很重要，学会放手一搏则更重要。人生在世，总要有所追求，总要有所坚持，如果是水，就应该卷起巨浪；如果是土，就应该垒成高山。不要抱怨，而要坚守。抱怨的杯盏里只有消沉的苦酒，而坚守的乐谱中才有奋发的音符。抱怨，只能让你成为回忆的奴隶，而坚守，却能使你成为职场的主人。

强人强语

滴水见阳光，一朵花里能看到天堂，在不同的人眼里，往往有不同的世界。一些人的抱怨，却是另外一些人的机会。

让人遗憾的工作，只有一个——现在的工作；让人期待的工作，也只有一个——下一个。

如果把你的选择看作一次投资，那请不要害怕投资失败，因为失败了也是资本。

不要轻言放弃，因为忍耐的下一秒，或许就是成功；不要害怕坚持，因为没有人愿意一辈子都在错过。

一个人只有发挥自己的优势，才能做成事。但是，谁如果忽略自己的劣势，那一定会坏事。

我们每个人都应该有一种才能增值的理念，职位需要什么样的能力，就应该及时学习什么样的知识。

破格提拔的秘密

职场中，总有很多人是幸运儿，他们像坐着火箭一样升迁，你是不是也很羡慕，希望自己获得破格提拔的机会？一个人在职场中，有时候会走弯路，有时候要走捷径。走弯路的时候，要学会驻足，欣赏风景；走捷径的时候，要策马扬鞭，一骑绝尘。凡事总有方法，而方法往往是相通的。我们不妨先读一个蕴涵丰富方法的案例：

有一位智者，某一天，他向三个徒弟提了一个问题："你们仨说说，怎样才能让猫吃辣椒？"

大徒弟自告奋勇地先说："那还不容易，我让人抓住猫，把辣椒塞进它嘴里，然后用筷子捅下去。"

智者摆了摆手说："你这是霸王硬上弓，有没有更好的办法呢？"

二徒弟沾沾自喜地说："我找一条鱼，在鱼上面涂上辣椒，猫就会将鱼和辣椒一起吃下去。"

智者笑笑说："这只猫，以后不仅不吃辣椒了，连鱼也不吃了。你这方法不能长久啊。"

三徒弟沉默了一会儿说："我先让猫饿三天，然后，把辣椒裹在一片肉里，如果猫非常饿的话，它会囫囵吞枣般地全吞下去。"

智者也不赞成这种办法。

徒弟们面面相觑，一起问："智者，那您怎么让猫吃辣椒呢？"

智者笑着说："这很容易，你可以把辣椒擦在猫屁股上，当它感到火辣辣的时候，它就会自己去舔掉辣椒，并为能这样做而感到兴奋不已。"

让猫吃辣椒，的确是件难事。智者和他的三位徒弟，给出了四种不同的方法。平心而论，智者的三位徒弟，采取的是常规方法，而智者则用了策略。人类之所以能发展到今天，那是因为我们总有好奇心，永远希望找到解决问题的最佳途径。找捷径是人的智慧天性，很多人都希望升职也可以有捷径可寻。的确，升职有捷径，但这需要你有谋略。我们常说，“巧妇难为无米之炊”，其实，巧妇也能为无米之炊，没有米，可以去寻找，但不能等火灭了。很多人寄希望于老板的赏识，而实际上你要寄希望于自己，发现并创造破格提拔的机会。

找捷径是人的智慧天性，很多人对于提拔这件事寄希望于老板的赏识，而实际上你要寄希望于自己。

所谓破格提拔，就是说你不具备提拔的条件，但是你具有某项特殊才能，或者你是企业急需的人才，因而获得了非常规的升迁机会。中国人喜欢论资排辈，但中国人也喜欢变通。你看，我们在规定人事升迁的章程时，总会罗列出一大堆的条件来，但结尾往往会有一句“原则上特别优秀的可以破格提拔”，一句“原则上”就是为变通预留的空间。

从我的职业经验来看，破格提拔，不外乎三种情况：第一种，非常之时，用非常之人；第二种，你遇到了一个非同寻常的老板；第三种，你是老板的心腹。

1. 非常之时，用非常之人

先说第一种情况。如果你所供职的公司，还属于初创阶段，人才稀缺，此时，你会有大把的机会获得升迁；或者你所在的公司，业务上进行重大调整，业务规模扩张必然带来大量升职机遇，这就是非常之时，用非常之人。这样的升职机会，主要看你的眼光是否独到，是否选择了一个具有成长空间的公司。相较之下，一个成熟的公司，往往制度完善，业务稳定，人才缺口少，提供的升职机会就少很多。

2. 遇到非同寻常的老板

再说第二种情况。如果你遇到了一个非同寻常的老板，那我要恭喜你，这是职场中的绝大多数人都难以企及的奢望。古语说："千里马常有，而伯乐不常有。"这样的老板，往往更看重你的能力，有魄力提拔新人，敢于打破一些条条框框。和这样的老板相处，你会时时处于一种竞争状态，因为，他能从芸芸众生中挑选出你，如果你辜负他的期望，他也会毫不犹豫地将你降职。但是，无论你有多大的压力，遇到一个知人善任的伯乐，总是你一辈子的福气，因为你能学到很多其他老板无法给予你的东西。

回溯历史，那些取得大功业、大成就的人，几乎无一例外地遇到了赏识他们的老板。汉武帝和刘备就是这样的“老板”。

汉武帝是敢于破格提拔人才的楷模。比如，地方官吏出身的汲黯和韩安国，被他提拔为朝廷的一品大员；出身贫寒甚至砍柴为生的朱买臣和主父偃，获得重用；家奴出身的卫青，成为汉朝击败匈奴的大将军……汉武帝时群星荟萃，他能取得那么大的成就，与他不拘一格的用人方式是密不可分的。

刘备和汉武帝相比，也毫不逊色。三顾茅庐是我们大家耳熟能详的故事。刘备去请诸葛亮出山时，他已 47 岁，而诸葛亮不过 27 岁；刘备是左将军官衔，而诸葛亮不过一介平民。刘备能够礼贤下士，谦卑地去请一位晚辈，这可不是一般老板能做到的。还有一次，定军山一战，黄忠临阵斩杀曹魏主将夏侯渊，当时刘备不顾诸葛亮劝阻，提拔黄忠为后将军，与关羽、张飞齐名。这种用人魄力，的确不同寻常。

当然，这种慧眼识人才的老板，毕竟罕见。如果你想获得这样的提拔机会，那么一要判断是否遇到了一个英明的老板；二要自知，确定你确实具备干大事的能力。

3. 成为老板的心腹

再来说说第三种情况。

有人说："赵老师，成为老板的心腹，这事我可做不来。再说，你这不是教我阿谀奉承吗？"我觉得，很多事情，不能用单纯的道德标准去评价。我们每个人的精力都是有限的，注意力也是有限的，老板也是如此。一般而言，在一个企业中，最吸引老板注意力的是两种人：一种是能力强、业绩好的员工；另一类则是业绩差的员工。业绩差的员工是被淘汰的对象，而业绩好的员工，毕竟有限。试问，你有自己独特的才能，但是却不能被老板注意到，你何时才能出头呢？

道理很简单，老板熟悉的员工，容易有提拔机会；老板的心腹，容易有破格提拔的机会。既然想升职，为什么不想想办法让老板注意到你呢？其实，别看我们天天讲任人唯才，很多情况下，一个人与老板的亲疏远近，往往决定了他能不能被重用。因为，人们对一个熟悉的人，往往能信任、放心；而一个陌生的人，人们自然会产生抵触和戒备心理。所以，不要埋怨老板用人采取双重标准，提拔与被提拔，就是一个愿打一个愿挨的事。说到这里，我想起了一个有趣的故事。

有两个妇人在聊天，其中一个问道："你儿子还好吧？"

"别提了，真是不幸哦！"这个妇人叹息道："他实在够可怜，娶个媳妇懒得要命，不烧饭、不扫地、不洗衣服、不带孩子，整天就是睡觉，我儿子还要端早餐到她的床上呢！"

"那女儿呢？"

"她可就好命了。"妇人满脸笑容："他嫁了一个不错的丈夫，不让她做家务，全部都由先生一手包办，煮饭、洗衣、扫地、带孩子，而且每天早上还端早点到床上给她吃呢！”

这是我们似曾相识的生活场景，妇人的想法和我们大多数人的想法是一样的。对媳妇是一套标准，对女儿是另一套标准。很多升职无望的年轻人抱怨连连，其实，现实的逻辑就是这样，它有它的合理性。世界上怕就怕“认真”二字，是啊，既然怕，对很多事，你就不能太认真。

人都有两面性，你不能太认真，也不能不认真。成为老板的心腹，你要把握好一个度。这就是，公私要兼顾。你和老板的私交好，不代表你就能怠慢工作。你和老板的私交，这是小局；而在老板那里，还有个大局——公司利益。一个优秀的人，就是平衡私利与大局的高手。成为老板心腹，很多人可能曲解为逢迎老板，揣摩上意。大家都很熟悉和珅这个人，你看他对乾隆的心思，揣摩得极其到位，但是这个人太贪心，只有私心，没有公德。乾隆这个老板对他是很满意的，但是乾隆一死，他就被送上了断头台。和珅的问题就在于：他做任何事，都从私利出发，贪婪之极，完全不顾及清朝这个“企业”的大局利益，所以，老板一换届，他就完了。

我们作为职业经理人，切忌贪婪成性，人不能把钱带进坟墓，但钱可以把人带进坟墓。美国管理学家蓝斯登有个观点：“在你往上爬的时候，一定要保持梯子的整洁，否则你下来时可能会滑倒。”诚哉斯言。当你得势时不要飞扬跋扈、厚此薄彼，那些遭人忌恨的人，有几个不是在做人上出了问题?

但是，另一方面，我们也不要过度地坚持原则。海瑞是中国古代清官中的楷模。你看他做什么事情，都考虑大明朝这个“公司”的大局，常常忘记了照顾一下大老板——皇帝的个人需要。结果名声很大，却一直得不到重用。“水至清则无鱼”，职场中的很多事情，都需要变通处理，其中的分寸就在于：既不可失了公心，也不可没有私心。

我在职场中摸爬滚打的这些年，破格提拔过很多下

> **中国人喜欢论资排辈，但中国人也喜欢变通。遇到一个知人善任的伯乐，是你的福气。**

属。对于我欣赏的下属，我破格提拔他们主要分三步：

第一步，获得大老板的认可。我想破格提拔一个人，就会首先让我的上司，也就是大老板注意到这个人，并且相信这个人的能力。

第二步，对下属进行心理预热。一般情况下，我会提前跟所有下属讲，“公司准备提拔一个干部”，同时，要设定规则。这样，无论最终提拔谁，大家在心里都认为是“应该”的事。

第三步，引导舆论。大老板的认可和下属的心理预热，都是为了让大家注意这件事和我要提拔的这个人。此时，我会给提拔对象安排一些重要的业务，让他的能力得到体现。而我此时，会和被提拔者保持一定的距离，以防止下属认为我任人唯亲。

一般情况下，通过这三步，我都能如愿以偿地破格提拔我想用的人。其实，老板用人讲求意志和主张能得到有效的执行，从而达到上下通畅，这在古今中外概莫能外。在这一要旨下，价值观统一、感情相通的人，自然容易赢得老板的认可。“谈得来”“好使唤”，就是老板决定是否破格提拔一个人的秘密。

各位读者朋友，破格提拔是个见仁见智的问题，了解破格提拔背后的秘密，有助于我们真正立足职场，毕竟进退有度，才不至于进退维谷。至于采用什么样的方法，找到提拔的捷径，还得看你的选择和机遇。我给大家提供的只是我的经验，读者朋友们姑且当作偏方，有些时候，或许偏方也能治大病。

强人强语

一个人在职场中，有时候会走弯路，有时候要走捷径。走弯路的时候，要学会驻足，欣赏风景；走捷径的时候，要策马扬鞭，一骑绝尘。

我们常说，“巧妇难为无米之炊”，其实，巧妇也能为无米之炊，没有米，可以去寻找，但不能等火灭了。很多人寄希望于老板的赏识，而实际上你要寄希望于自己，发现并创造破格提拔的机会。

老板熟悉的员工，容易有提拔机会；老板的心腹，容易有破格提拔的机会。

世界上怕就怕“认真”二字，是啊，既然怕，对很多事，你就不能太认真。

“水至清则无鱼”，职场中的很多事情，都需要变通处理，其中的分寸就在于：既不可失了公心，也不可没有私心。

老板用人讲求意志和主张能得到有效的执行，从而达到上下通畅，这在古今中外概莫能外。在这一要旨下，价值观统一、感情相通的人，自然容易赢得老板的认可。

让你的顶头上司升职吧

在办公室中，我们经常可以看到以下三种人：

第一种人的经典说辞："工作就像一次旅行，指不定会在哪翻车。"持这种观点的人属于职场的失意派，认为未来的不确定性太强了，他们像迷途的羔羊，不知道自己哪里会犯错，而且还时刻有"狼来了"的忧虑。

第二种人的口头禅："要想在办公室混得好，你就得多磕头、少说话。"有这种想法的人貌似都是职场的老油条，他们手持"办公室兵法"，仿佛局势全在自己的控制之中，实际上，他们只是小角色。

第三种人的常用语句："眼看着自己一天天奔三了，谁不想混个一官半职。"这一类型的员工属于升官饥渴派，谁要敢跟他们提某某升官了，他们的眼睛就能变绿。他们像饥饿的狼一样，看着一个个职位溜走，升职无望，于是跳槽走人。

如果我们把求职看作恋爱，那么每一次恋爱失败，都会让你收获一些东西；如果我们把工作看作婚姻，那么升职无望，就像婚姻中的七年之痒。为什么恋爱使人进步，婚姻却使人陌路呢？我想，职场中的每一个小人物，都有自己的难处，我们像小媳妇一样，好几年如一日，工作在日复一日地重复，职位也在原地踏步。职场中这种普遍的困境，我称为"媳妇困境"。

我们来分析一下媳妇这个岗位。媳妇对上要孝敬公婆，对下要照顾子女；同时，还得伺候好丈夫。一个优秀的媳妇，最重要的功夫是什么？一个字："瞒"。媳妇是个工作强度大，满意度低的工作。在公婆面前，不能抱怨丈夫，哪个当妈的不心疼自己儿子；在丈夫面前，不能说公婆的坏话，因为不论丈夫是否相信你，你的话都会引发一场家庭战争，而不管胜败如何，你都有挑拨离间的嫌疑；在子女面前，你更不能随便乱说话，你得维持你做母亲的光辉形象，以免伤害祖国的花骨朵。可见，一个好媳妇熬成婆，是多难的事，你得心怀全局，忍耐且富有牺牲精神。

其实，媳妇的处境不就是我们职场中大多数人的处境吗？公婆就是你的顶头上司，子女就是你的下属，丈夫就是你的平级同事。在这样一个复杂的人际关系网络中，你要想生存、要想升职，就得小心、小心、再小心，忍耐、忍耐、再忍耐。那么，职场中的“媳妇”们，如何才能熬成婆呢？

其实很简单，媳妇想熬成婆，那就应该早点娶儿媳妇，让婆婆做奶奶。职场也是如此，你要想升职，就要让你的顶头上司尽快升职！你要想被提拔，就得先让你的领导被提拔。职场的位置，是一个萝卜一个坑，只有先挪出坑，你这个萝卜才能进去。

我发现，职场人抱怨最多的，是自己的顶头上司。我曾经很形象地说：“董事长像太阳，照到哪里哪里亮；

总经理像月亮，初一、十五不一样；部门主管像星星，偶尔才会闪闪光。”人的感觉都是这样的：离自己越远的越美好，离自己越近的越糟糕。其实，对大多数职场人而言，决定你升迁命运的，不是董事长，不是总经理，而是你的顶头上司。因此，无论怎样，你都应该处理好和顶头上司的关系。

如果你遇到一个能力很强的上司，他升迁的速度一定很快，你应该努力辅佐他将工作做好，而他一定喜欢能力很强的你，他的强力推荐，会使你的升迁之路加分多多；如果你遇到一个能力平庸的上司，你更要和他处理好关系，帮助他分担工作，因为若是他所带部门的业绩差，他就很难获得晋升，这样也就挡住了你的升职通道，如果你还想在这个部门混下去，你就得想方设法地帮他升职。一个聪明的职场人，一定懂得助人者自助的道理。

在我看来，做一个合格的下属，压力很大，和上司的关系尺度很难把握。大哥难找，小弟也难当。无论怎样，不要把上司当白痴。在和上司交往的过程中，要注意以下几点原则。

1. 不和上司争名誉

公司是个等级分明的组织，有等级，就有主次，很多人与上司称兄道弟，虽然上司嘴上不说，但心里未必很舒服。有些人工作做出了点成绩，就沾沾自喜，不把上司放在眼里，这种心态最为要不得。历史上，皇帝为什么喜欢杀功臣，就是因为下属功高盖主。我们都是俗人，不需要装清高，也不要为声名所累。

我记得我初入职场时，经常向上司献计献策，然而上司往往不置可否。后来，我想明白了，领导之所以不理睬我的建议，是因为我总是自作聪明，在大庭广众之下，滔滔不绝地表达自己的看法。喜欢表现自己，而忽视了应该把话筒的控制权交给领导。从那以后，我向上司提意见，总是避免他人在场，不再强调某某计划是我的主意，而是不动声色地把自己的意见“移植”到上司的心中。为了把工作做好，我自愿牺牲“版权”，而把“版权”让给上司，果然，我的很多想法不久都被上司采纳。

不和上司争名誉，并不仅仅是出于讨上司喜欢，而是为了做成事。如果把工作成果比做一棵树，下属的想法和努力就是树种，这棵树要长成参天大树必须有土壤、水分、空气和阳光等条件，而只有上司才有能力把树种变成大树。

2. 不要越位

有些人自作聪明，以为上司要是按照自己的想法去做，一定不会犯那么多错误。于是，就自作主张，替上司做主，这是上司绝对不能容忍的，无论你有多么出色。诸位朋友，请牢牢记住：你和上司的角色是不同的。他是主角，你是配角。配角不要越俎代庖，去做主角的事情。没有人愿意做别人的傀儡，这是对他权威的不尊重。俗话说“红花还需绿叶衬”，作为下属，你一定要有绿叶心态：配角不要抢主角的风头——苦劳是自己的，功劳是上司的，这样就能摆正自己的位置。如果把自己想得太好，就很容易把上司想得很糟，日积月累，就会心态不平衡。所以，下属要学会谦卑。宜低头、忍让，而非自高自大。

有些人，对上司不满，就越级上访，你要相信，这种行为是在侮辱上司的智商。我们说："县官不如现管"，做什么事，都要记得和上司商量、打招呼。否则，你的做法将产生两个后果：一是你的上司被质疑。老板会认为你的上司能力不行，连个小团队都管不好，这样的人，怎能提拔？二是你成为上司的敌人。上司会认为你不通人情世故，是个小人。无论这两个结果是什么，你都会失去升迁的机会。

3. 有些禁忌不要碰

坦白讲，任何一个公司都有秘密，任何一个上司都有禁忌。所以，要小心这些禁忌，不要误入禁区，中了"地雷"。

比如上司的女人不能碰。公司内部的情感关系往往比较复杂，办公室恋情是常有的事儿，所以，不要进入一个尴尬的情感关系中。

再比如上司的老底不要揭。我们常说，英雄不问出处。既然他（她）是你的上司，那就不要到处宣扬上司的老底，做这种伤面子的事，最终会伤害你的里子。

还有不要掺和到上司之间的权力斗争中去。“办公室帮派”是中国“公司政治”的现状，你还是一个小人物，不要成为权力斗争的棋子。按照我的职场经验，我觉得职场人要有旁观者的心态，当局者的思维。下棋的时候，通常都会有两种人：一种是当局者，一种是旁观者。旁观者一般比较开心，因为他们享受的是观战的过程，去留随意；而当局者往往神情紧张，因为他们在意的是结果，一旦开局，就难以脱身。你本来可以选择成为旁观者，却一不留神成了当局者，可是你连权力都没有，还搞什么权力斗争？

> 一定要有绿叶心态：配角不要抢主角的风头——苦劳是自己的，功劳是上司的，这样就能摆正自己的位置。要有旁观者的心态，当局者的思维。

4. 不要得罪闲人和小人

任何一个公司，都免不了有一些说三道四的长舌妇。你要宁可得罪忙人，也不要得罪闲人。这些人没事干，只好八卦别人。所以，在办公室要谨慎交友。曾国藩说：“与多疑人共事，事必不成。与好利人共事，己必受累！”越是好朋友，距离越远，因为没有利害关系。

谁都不喜欢小人，如果你不幸在办公室遇到小人，那你要加倍小心。君子报仇，十年不晚；小人报仇，从早到晚。你可能非常优秀，你的上司也很欣赏你，但是再英明的老板和上司，也架不住有人天天在他面前说你的坏话。

我的办公室相处之道就是：工作场合，不说私事，永远和同事保持距离。一视同仁、一碗水端平，这是办公室处世的原则；厚此薄彼，是同事之间相处的大忌。不招惹闲人，不靠近小人，凡事以我为主，闲言自然消失，小人也感无趣。

下属和上司之间，是一种竞争合作的关系，其目的都应该是立足大局利益，而不是个人恩怨。下属帮助上司尽快升职，是为了彼此在事业的平台上都成为胜利者，事业做大了，彼此都是成功者；事业垮了，对谁都没好处。

强人强语

如果我们把求职看作恋爱，那么每一次恋爱失败，总会让你收获一些东西；如果我们把工作看作婚姻，那么升职无望，就像婚姻中的七年之痒。为什么恋爱使人进步，婚姻却使人陌路呢？

职场的位置，是一个萝卜一个坑，只有先挪出坑，你这个萝卜才能进去。

人的感觉都是这样的：离自己越远的越美好，离自己越近的越糟糕。

如果把工作成果比作一棵树，下属的想法和努力就是树种，这棵树要长成参天大树必须有土壤、水分、空气和阳光等条件，而只有上司才有能力把树种变成大树。

你本来可以选择成为旁观者，却一不留神成了当局者，你连权力都没有，还搞什么权力斗争？

一视同仁、一碗水端平，这是办公室处世的原则；厚此薄彼，是同事之间相处的大忌。

鸟大了，什么位子都有

升迁的第一桶金

别人捞油水，你捞油

优秀是一种习惯

你有资格讲条件吗

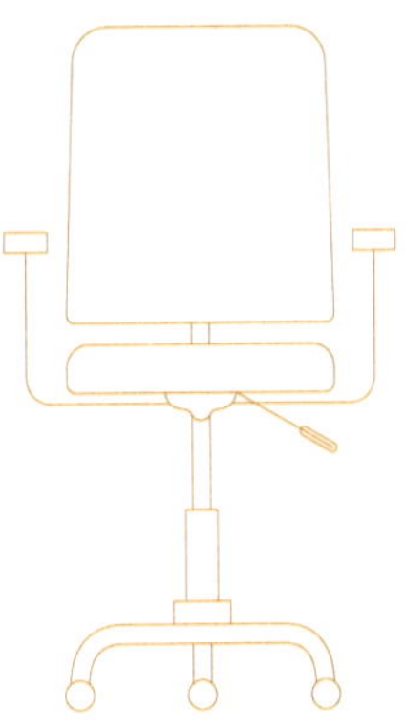

职场就像一个迷宫，很容易找到入口，但粗枝大叶者往往难以找到出口。获得升迁的第一桶金，就是找到那个迷宫的出口。

升迁的第一桶金

“林子大了，什么鸟都有！”这是我们常说的一句话，意思是说，大千世界，什么样的人都有。如果我们尝试换个角度说，那就是：“鸟大了，什么林子都有！”这种思维就完全不一样了。具体到升职，我们不妨说：“鸟大了，什么位子都有！”职场升迁是个“强者更强、富者更富”的艺术。如果我们稍加注意，就会发现，总有一些人像坐着火箭一样升迁，和他们相比，你的各方面条件并不逊色，何以职位总是原地踏步呢？

那些拥有辉煌职业履历的人，总会告诉你很多职场生存的技巧，而你却发现，他们的经验，你根本无法复制。难道是这些职场的“大鸟们”在信口雌黄？平心而论，成功者的经验总有合理的地方，但是，如果以这些经验为指导，你是无法成功的。这就好比你是一只被囚禁在笼子里的狼，笼子外边，有大把鲜美的食物，你馋涎欲滴，可是吃不着。这时，来了一头狮子，给你大讲它捕捉食物的技巧，你听得很激动，可是不知道怎么行动。即使你能学到所有的技巧，但首先你要摆脱这只笼子，说到底，我们已经习惯了站在成功者的角度来看世界，你所看到的都只是结果，而不是原因。

职场成功者总是有很多经验和生存技巧，但是他们的经验和技巧，很多是无法复制的。并不是他们在信口雌黄，而是我们已经习惯站在成功者的角度看世界，看到的都是结果，而不是原因。

对于职场的“小鸟们”，首要的问题是，我们应该如何获得升迁的第一桶金？

何为升迁的第一桶金？我的理解是，在你的职业经历中，你所获得的第一个非常重要的升迁机会，你第一次晋升到了一个关键性的岗位上。其实，升迁的一桶金和商业上的“原始积累”是一样的，获得第一桶金的早晚，决定了你是否能够超越别人。很多人官运亨通，这都源自他在某个恰当的时机不为人知地超越了别人一小步，而恰恰是这一小步，使其他人和他在未来的竞争中差了一大步。张爱玲说“出名要趁早”，升迁也要趁早。不要以为你有很多机会。职场没有如果，只有后果和结果。

张艺谋的电影《山楂树之恋》捧红了静秋的饰演者周冬雨，而这个腼腆的小姑娘，当时还没有上大学。一部电影，让周冬雨瞬间成为国内当红的一线女星，风头甚至盖过很多影视界的大腕。无独有偶，当年默默无闻的巩俐、章子怡，也都是因为出演张艺谋电影中的角色，而快速成长为国际明星。有人感慨，世事真是不公平，有多少专业演员努力一生，都达不到周冬雨这样的名气。可是，世事又何曾公平过呢？有多少有才华、有能力的人，因为遇不到伯乐，而抱憾终身呢？

我亲爱的读者朋友们，能在职场中获得升迁机会的人，毕竟是少数，而那些能提前获得第一桶金的人，又是极少数。很多时候，起点决定终点，不同的起点，会带来不同的命运。我有个哥们，在一个县级政府部门做局长，当他听说他的一位同学当了副市长以后，他很不屑地对我说：“哥们，你不知道吧，这小子当年不学无术，大学毕业都没拿到学位，后来搞了个地方院校的硕士学位，这么快就上去了啊，当年我可他比强多了。”我们总是对一些自己看不上眼的人嗤之以鼻，可是，人生的命运就是这样的不同！你不屑的事情，就发生在你的眼前，而那些先行一步，挖到第一桶金的人，早已到了令你望尘莫及的高度。

有人也许会问，为什么升迁的第一桶金如此重要？我希望朋友们仔细想想，你有多少机会超越大多数人？从一名普通员工到一名优秀的员工，这是进步；而从一名优秀员工成长为高级管理者，这是进化，是惊险的一跃。从实现这惊险的一跃开始，你和别人的差距，就此拉开。

我有一个朋友，大一大二时，成绩算不上优秀，但是，大三的时候，他获得了一个全国性的大奖，而这个奖项，是这个大学从来没有获得过的。于是，各种荣誉纷至沓来，从校级、市级到省级、国家级，应有尽有。毕业后，他很顺利地留校，然后评副教授、教授、博导，最后做了一个学院的院长。谁能想得到，所有这一切，都源于那个全国大奖。其实，人们做出任何评价，都会看你已经做过的事，如果你已经有一个荣誉，别人更愿意把下一个荣誉给你。

因为，拥有一个荣誉，意味着你是可靠的、免检的。于是，第一个荣誉成为第二个荣誉的原因，第二个荣誉成为第三个荣誉的原因，结果，荣誉变成了不断累加的自我循环。

我们不妨将这种现象称为“荣誉累加效应”，职场不也是如此吗？当你获得了升迁中的一个关键职位，别人就会认为你必然能胜任更高的职位。在这个职位上，你的能力得到提升，甚至超越了大多数和你水平差不多的人。因此，你也最有可能获得下一个更高的职位。

这就是现实的升职逻辑，在晋升的道路上，头衔是头衔的累加，职位是职位的资格，能力是能力的保证。

所以，拿到你职场升迁的第一桶金，就变得至关重要。

在职场中能快速拿到升迁的第一桶金的人，有两种人。一种是有关系的人，另一种是有能力的人。如果你没有关系，那么应该如何利用你的能力优势，快速升迁呢？

其实，你能不能获得升迁机会，都是老板说了算；你胜任不胜任工作岗位，都是你的上级说了算。一个小员工，往往很难引起老板的注意，所以你的上级对你的升职，具有决定性的影响。提拔你，不需要理由；不提拔你，什么都是理由。因而选择一个好上司，有时候要比选择一个好老板更重要。

如何判断你的上司是不是乐意提拔下属的好上司呢？通过我这些年的职业阅历，我发现，一个人喜欢什么样的人，就会提拔什么样的人。你只有了解你的上司的个人偏好，才能明确你应不应该跟着他混。

我们不妨通过一个很有意思的职场问题来甄别一下三种不同类型的上司。

如果在一个团队中，有孙悟空、猪八戒、沙僧这三种类型的员工，现在需要提拔一个做主管，不同的上司会选择提拔不同的人。看看他们都提拔了谁？

第一种，选择提拔孙悟空。

孙悟空这类型的员工，工作能力强，很有事业心，忠诚可靠，但是他锋芒毕露，个性突出，有个人英雄主义情结，不善于团队合作，情商不太高。尤其麻烦的是，爱给领导提意见，动不动就要脾气要回花果山。敢于提拔这样的员工的上司，一般能力比较强，个人魅力很突出。这类型的上司会根据工作表现来考核下属，他更在意员工的业绩，关心工作效率。如果你跟着这样的上司，你会有很多机会成长，而且他还善于培养和调教下属。但是你面临的压力会比较大，他容许你犯错，但是难以容忍你业绩低迷的状态。

第二种，选择提拔沙僧。

沙僧这类型的员工，虽然工作能力没有孙悟空那么强，但是踏实肯干，人缘好，团队意识强。选择提拔这种类型员工的上司，属于典型的踏实能干型的领导。这种上司，一般精通业务、做事沉稳，喜欢稳扎稳打，不喜欢那种冒冒失失的下属。职场中大量的上司属于这一类。跟着这样的上司你要耐得住寂寞，坐得住冷板凳，要不断地修炼自己的能力。很多初入职场的年轻人，往往对这类型的上司不感冒。其实，如果你努力修炼自己，增强团队协作意识，提高执行力，那么在这样的上司手下做事，会有很大的升职空间。

第三种，选择提拔猪八戒。

猪八戒这类型的员工，能力比较差，喜欢要小聪明，善于讨老板欢心，爱拍上司马屁。如果你的上司喜欢提拔猪八戒这样的员工，这种上司的工作能力是值得怀疑的，而且他对员工的评价标准，不是业绩、能力和品质，而是是否听话。这种上司因为能力差，一般在一个职位上已经待了四五年。他们对手下人才不闻不问、放任自流，而且喜欢搞形式主义，工作上墨守成规，没有什么建树。遇到这种上司，你的能力越强越令他反感，因为能力强就是对他现状的挑战。对于这种上司，你的第一选择就是马上离开他，如果很不幸，你必须在这种上司手下混，那你就要学会和他搞好关系，在工作上要照章办事，不要去破坏他设定的秩序，毫不犹豫地接受他的命令和服从他的指挥。

职场就像一个迷宫，很容易找到入口，但粗枝大叶者往往难以找到出口。获得升迁的第一桶金，就是找到那个迷宫的出口。一个职场小麻雀嬗变为雄鹰，实现那惊险的一跃，就要做到三级跳：从平凡的你，跃升为优秀的你，从优秀的你，升级为卓越的你。下面的章节，我将和大家一起来分享如何实现这三级跳。

强人强语

很多人官运亨通，这都源自他在某个恰当的时机不为人知地超越了别人一小步，而恰恰是这一小步，使其他人和他在未来的竞争中差了一大步。

很多时候，起点决定终点，不同的起点，会带来不同的命运。

你不屑的事情，就发生在你的眼前，而那些先行一步，挖到第一桶金的人，早已到了令你望尘莫及的高度。

从一名普通员工到一名优秀的员工，这是进步；而从一名优秀员工成长为高级管理者，这是进化，是惊险的一跃。

在晋升的道路上，头衔是头衔的累加，职位是职位的资格，能力是能力的保证。

你的上级对你的升职，具有决定性的影响。提拔你，不需要理由；不提拔你，什么都是理由。因而选择一个好上司，有时候要比选择一个好老板更重要。

职场就像一个迷宫，很容易找到入口，但粗枝大叶者往往难以找到出口。获得升迁的第一桶金，就是找到那个迷宫的出口。

别人捞油水，你捞油

我很欣赏托尔斯泰的一句话："理想是指路的明灯，没有理想，就没有坚定的方向，而没有方向，就没有生活。"每个人都有自己的职业理想，正是在理想的指引下，我们从默默无闻，一路努力打拼，成为职场的"白骨精"。理想就是方向，让方向落地的，就是职业规划。

职业规划是每个职场人的必修课，如果说，职业规划给我们一张职业发展的"路线图"的话，那么，进入职场的每一个职位，就是我们的"加油站"。职场升迁的第一桶金，就是其中最重要的一个"加油站"。

初入职场的人，或多或少都有过干得累、拿得少的体验，我们“起得比鸡早，睡得比狗晚，吃得比猪差，干得比驴多，拿得比农民工还少”。于是，很多人慢慢放弃了自己的理想，完全变成了为薪水而战的“月光族”，他们走马观花地换工作，只为了拿到一个满意的薪水。其实，一步错，步步错，当别人心急火燎地“捞油水”的时候，理智的你，应该抓紧时间“捞油”。因为，你非常清楚：有油水的地方往往最滑，站稳都难。况且，你只有先补充到足够的“油料”，才能到达下一个“加油站”。

“油料”就是能力，“捞油”就是提升能力。你要相信，在职场升迁的三级跳中，你还处在第一级。在这个层级上，你是平凡的，不被重视、不被重用。但是，没有关系，不被人注意的时候，就要学会自己注意自己。

不被人注意的时候，要学会自己注意自己。

灰姑娘在成为公主之前，也是没人在意的。你所要做的就是摆脱平凡、远离平庸，如果你不能摆脱平庸，你就会永远被视为廉价劳动力，永远被看作可有可无的人。

有了目标，剩下的问题就是执行。基层历练是一个人一生的财富，平凡的你，在基层历练的阶段，应该掌握哪些能力，捞到哪些油呢？从我的职业经验来看，一个人在基层要掌握的并不只是一些工作方法，而是要提高自己的情商、修炼自己的格局，这些隐性的能力，往往会让你受用一生。

1. 锻炼毅力

曾看到过一个管理故事，说的是：如果让一个日本人每天擦六次桌子，日本人会不折不扣地执行，每天都会坚持擦六次；可是如果让一个中国人去做，那么他第一天可能擦六次，第二天可能擦六次，但到了第三天，可能就会擦五次、四次、三次。到后来，就不了了之。其实，任何一个平凡的工作，能持之以恒地坚持做下去，就是不平凡。

就我的经验来说，职场中，能坚持把一件事情做好的人，少之又少。很多人做工作，就像男人戒烟、女人减肥一样，永远都有明天。基层工作的特点就是单调乏味、重复性强，能在这样的环境中，坚持下来的人，以后遇到任何困难，都不在话下。

2. 锤炼眼光

眼睛能看到的地方叫视力，眼睛看不到的地方叫眼光，视力只说明眼前，而眼光却决定未来。很多人会想当然地说，眼光还需要锤炼吗？当然需要！不是每个人天生就具有高瞻远瞩的眼界，眼光是可以学习的。有些人认为一线员工不需要眼光，其实恰恰相反，小职员才需要大眼光，老板不会提拔一个只会工作的机器，而会提拔一个会用机器的人。

眼光是什么？眼光就是判断力。眼光来自实践体悟加上理论学习。

我在一线干过，很多一线人员有大把的空闲时间，可惜的是，这些空闲时间很多都被挥霍了。如果说，时间就是金钱，那么很多人，每天都在赔钱。这些空闲的时间为什么不用来学习呢？有人说，学习有什么用啊，我都学了二十年了，工资还不是那么点。我不这么看，我认为，学习就像农民种庄稼一样，有的人喜欢使用化肥，来得快；有的人喜欢用农家肥，虽然短期效益慢，但是后劲足。总有一天，你的后劲会让你比别人看得远、看得深。职场是一场马拉松，而不是百米冲刺。

视力只说明眼前，而眼光却决定未来。眼光就是判断力。

锤炼眼光，就是让你的格局更大、视野更宽、境界更高。

3. 磨炼心态

心态，是一个人情商中极为重要的一部分，我相信职场中的大部分人，都很熟悉这个概念。我不想说太多的观点，给大家讲一个我经历过的故事吧。

多年以前，我在一家公司做常务副总裁。有一年，公司招聘了一个前台接待小吴，主要工作是接听电话、接收传真、来客登记等。她做这个工作以后，客户经常夸奖我们的前台服务好，我也没有太在意。一晃两年过去了，有一次，我在外地出差，找不到另一个副总的手机。于是我打电话过去问小吴，想让她帮我查一下，想不到，她竟然不假思索地说出了手机号码。我很好奇，问她是怎么做到的。她说，公司所有主管的手机号码，都在她的脑子里。我心里一动，觉得这个员工真是个有心人。

回到公司，去行政部一了解，发现这个小吴的确很优秀，我就想提拔她，于是和她做了一次深谈，下面是我和她谈话的部分内容。

“小吴，你不觉得，在一个别人看来没有前途的职位上，付出那么多，是没有价值的吗？”

“当然不是，赵总。我想每个职位的价值，都是可以重新创造的。在这样一家大公司，我能在一个最没有前途的岗位上做成功。那我相信，将来在公司，无论我做什么工作，都没有人会质疑我的能力。”

“可是，你已经等待了两年，即使你能获得晋升的机会，这个时间成本也太高了吧。”“呵呵，不瞒您说，我其实很想挑战一下自己心理承受的极限。

这个成本其实不高，如果我花两年的时间去选择更好的机会，现在恐怕仍然一无所获。”

“真想不到你的心态这么好。”

“没有啦，赵总，我的心态并不好。因为找工作屡屡碰壁，痛定思痛后，才下定决心做这个工作的，无论如何，先沉下心来，做点事。我不相信，一个老板会注意不到一个有价值的员工。”

“你为什么相信，在这个职位上一定能被老板注意到？”

“我只是一个学历很低，又没有工作经验的小员工，换成另外一个职位，赵总您会注意到我吗？仍然不会。况且，这个职位的门槛最低，但被老板记住的机会却最多。”

“你想过升职吗？”

“想过呀。我也想做一番事业，但是，首先得有人给我这个机会吧。在没有得到机会之前，最好的办法就是在一个大家都不注意的岗位上闪光。”

这个员工让我印象非常深刻，她的淡定、谦卑、低调和坚持，打动了我，如果这样的员工，都没有升职机会，那谁还有升迁的机会呢？我很快调她做行政部经理。在我看来，心态就是价值观。一个人能把自己看低，踏踏实实沉下心来做事，在最没有前途的岗位上闪光，这本身就是一种非同寻常的能力。

4. 专业精神

专业精神是什么？专业精神意味着，你对自己所从事的工作有精深的研究和非同常人的理解，你能超过一般的水准，为别人提供信服的建议和指导。我发现职场中的很多人，都缺乏专业精神。你可以是一个普通的业务人员，也可以是一个平常的工程师，但我希望你呈现给别人的，是足够的职业化水平。

有这么个小案例：

有一个小和尚担任撞钟一职，半年下来，觉得无聊之极，“做一天和尚撞一天钟”而已。有一天，住持宣布调他到后院劈柴挑水，原因是他不能胜任撞钟一职。小和尚很不服气地问：“我撞的钟难道不准时、不响亮？”老住持耐心地告诉他：“你撞的钟虽然很准时，也很响亮，但钟声空泛，没有感召力。钟声要唤醒沉迷的众生，因此，撞出的钟声不仅要洪亮，而且要圆润浑厚、深沉悠远。”

其实，专业精神是对工作品质孜孜不倦的追求，很多人都希望过一种有品质的生活，在我看来，一个没有工作品质的人，生活品质也一定好不到哪里去。做任何事情都需要专业精神。一个不专业的人，你很难想象，他能将事情做到位。很多人在职场抱着一种混的心态，这是很难将事情做好的。在一个行当，就要成为这个行当的专家；在一个职位，就要成为这个职位的能手。从我进企业至今，我一直活跃在营销策划领域。我的那些客户愿意花大价钱请我做营销咨询、愿意找我为他们出谋划策，图的不就是我的专业水平和实战经验吗？各位跋涉于升迁路上的朋友们，想成为赢家，就不要忘了你的专业精神，这是一个职场人的本分。

想成为赢家，就不要忘了你的专业精神。在一个行当，要成为这个行当的专家；在一个职位，要成为这个职位的能手。

各位朋友，升迁就像开车时候的加挡，假如速度（能力）没上来，挡加上去加油也吃力。别人捞油水的时候，你要捞油，当然，你捞的不是地沟油，而是助力你升迁的核心能力。当你默默无闻的时候，工作就是你的存款机，你要拼命地攒钱；有朝一日，你要大展宏图，这些存款就是你行动的资本。只有存了足够多的钱，你才能在未来的职场生涯中，源源不断地提出款来。

强人强语

有油水的地方往往最滑，站稳都难。况且，你只有先补充到足够的“油料”，才能到达下一个“加油站”。

很多人做工作，就像男人戒烟、女人减肥一样，永远都有明天。

老板不会提拔一个只会工作的机器，而会提拔一个会用机器的人。

如果说，时间就是金钱，那么很多人，每天都在赔钱。

学习就像农民种庄稼一样，有的人喜欢使用化肥，来得快；有的人喜欢用农家肥，虽然短期效益慢，但是后劲足。总有一天，你的后劲会让你比别人看得远、看得深。

一个人能把自己看低，踏踏实实沉下心来做事，在最没有前途的岗位上闪光，这本身就是一种非同寻常的能力。

一个没有工作品质的人，生活品质一定也好不到哪里去。

优秀是一种习惯

绝大部分人都曾经很平凡。在平凡的岗位上，历练出必要的工作技能，磨炼出良好的心态，这是迈向升迁之路的第一步。但此时，你还只是一名合格的员工，还处于量变的层次。那么，如何才能从合格到优秀，实现你职业生涯的质变呢？

一般而言，很多人在一线工作了两三年，能力比较突出，于是实现了职业生涯的第一次晋升，成为一个基层管理者，可以说，你已经摆脱了平凡，成为一名优秀的员工。从平凡到优秀，就像毛毛虫蜕变为蝴蝶，丑小鸭晋级为白天鹅一样。一个普通员工，干好自己的工作，做好自己的事，这就是岗位要求；而一名优秀的员工，则要着眼于带好团队，以职业经理人的态度去做事，这是两者的差别。

这些年，我在很多企业做培训咨询工作，我有一种很深的感受：中国民营企业的生存压力太大了，在大公司、强势品牌的围追堵截下，小企业的平均寿命只有2.9年。很多管理专家将民营企业的短命归结为激烈的市场竞争，而我认为，大部分小企业之死，不是被“谋杀”，也不是“他杀”，而是“自杀”。细究下来，那些失败的企业，有几个不是自身出了问题，有几个不是在最简单的问题上犯错呢？

很多人忽略了一个简单的事实：一个企业的战略、目标，最终都要分解到基层管理者身上；企业的经营成败，往往不是董事长说了算，而是基层管理者这样的小角色说了算。公司是基层管理者的事业平台，平台做大了，对彼此都是好事；做垮了，对双方都是伤害。而很多基层管理者，缺乏职业经理人的素养，他们每天都在用自己的行为伤害这个平台的发展，他们只是一个业务做得好的“大员工”，而不是真正的管理者；他们能力优秀，但也止步于优秀。

从合格到优秀，实现职业生涯的质变。

一个职业经理人，最重要的素养是什么呢？那就是养成良好的工作习惯。也许有人会有疑问，习惯真有这么重要？

我们不妨先来看一个寓言故事：

有一位富翁，没有继承人。他死后将自己的遗产赠送给一个亲戚，他的这位亲戚是个乞丐。

真是天上掉馅饼，这位乞丐摇身一变，成了家财万贯的富豪。我们知道，“狗咬人”不是新闻，“人咬狗”才是新闻，这样戏剧性的变化，马上吸引了很多记者。有个小报记者采访这名乞丐：“您继承了遗产之后，最想做什么呢？”

这名幸运的乞丐不假思索地说：“我要买一只黄金做的碗和一根楠木做的木棍，这样我以后出去乞讨时，会更方便一些。”

习惯的力量是如此强大，在潜移默化中改变了人的行为方式和思维方式。习惯是什么？习惯是一种重复的无意识的行为规律。人的行为可以分为有意识行为和无意识的行为两种。习惯就是一种无意识的行为。一个优秀的职业经理人，他不需要思考，就知道自己应该做什么和怎么做。所以，优秀是什么，优秀是一种习惯。我们真应该以亚里士多德说的那句话为行动指南："人的行为总是一再重复。因此，优秀不是单一的举动，而是习惯。"

一个优秀的职业经理人，应该培养哪些良好的工作习惯呢？我从自己的职业经验中，提炼出了三个最为重要的习惯，希望能帮助职业经理人修炼自我。

1. 自律的习惯

很多人已经养成了恶劣的工作习惯。有一种人是光说不练的"假把式"，遇到困难就退缩，看到荣誉就眼馋，对企业为祸甚巨。还有一种人个性十足，扬言："哥不是收破烂的，做不到让你随喊随到"。这种自由散漫、缺乏自律的作风，严重地降低了工作效能，是职业经理人迫切要改掉的坏习惯。

自律其实就是自控，就是学会克制自己。自律的人低调，在工作上能突出主次。很多人之所以不优秀，不是他的能力不行，而是他的工作习惯不好。我举几个例子和大家分享。

工作中，我们经常要向领导汇报工作，有些人是怎么做的呢？他们从今天早上和老婆吵架开始讲起，结果情绪不太好；到了办公室，看到地没打扫干净，这说明保洁员的责任心有问题；然后接到一个客户的投诉电话，看来我们的销售政策不科学……一直谈到今年的业绩目标。这样东拉西扯、主次不分、条理不清的汇报，究竟有什么意义呢？

向领导汇报工作，要力求简明扼要、主题清楚。如果是书面的，最好能在一页纸中将问题说明白；如果是电子邮件，要将主要事项放在正文，背景资料放在附件中。要为领导节约时间，因为他的时间远比你的宝贵，许多人浪费了别人的时间，还不自知，比如领导不耐心听他唠叨，他还满腹怨言。克制你表达的冲动，在工作中突出主次、重视效率，这是必须养成的一个习惯。

还有的人给上级提建议。他们写的建议书，是懒婆娘的裹脚布，又臭又长。一大半在谈现状和问题，最后一句话总结：请领导指示。不要以为领导比你笨，问题和现状不是建议的重点，重要的是提供几种不同的解决方案，让领导选择。什么样的人是好员工，好员工就是问题的终结者，要养成解决问题的习惯。

类似这样的细节，不胜枚举。我们仔细想一想，究竟是哪些恶习在阻碍你成为一个优秀的人？你是否按时完成了计划任务？是否只喜欢做自己感兴趣的，而不去尝试做自己不喜欢的事？是否及时向上级汇报工作进展？是否不给自己找借口？是否按照严格的日程表控制你的工作节奏？

我们往往低估了自律对工作绩效的影响，为什么你离优秀就差那么一点点？因为你就差这么一点点好习惯。

不要低估自律对工作绩效的影响，自律就是自控，就是学会克制自己。

2. 务实的习惯

很多人缺乏扎扎实实做事的态度。他们抱着乌托邦式的逻辑，一旦老板要求苛刻、工作环境不佳、同事不好相处或是受人排挤，便立即辞职走人。在生产一线待过的人都知道，新组装的机器，只有经过一个阶段的使用，把摩擦面磨光，机器才会用起来顺手。要想融入一个公司，融入一个团队，达到神形契合的程度，就不能把自己想得太好，而是要主动去磨合。

我们都是职业人，职业人就要学会适应，公司要的是实干家，是踏踏实实做事的人。我们要培养自己适应岗位的能力和习惯。我曾在柴静的博客上看到过一篇讲动物驯化的文章，我觉得对职场人很有启发。

这篇文章的大意是说，陆地上有 148 种大型食草野生哺乳动物，但最后通过人类驯化成为家畜的，只有 14 种。这些被驯化的野生动物，有很多共同点，其中以下几点，职场人应该思考。

·不能吃太多。如果一个动物吃得比主人还多还好，主人干吗要养你?

·得长得快。再有价值的动物，如果长得慢，那就是浪费资源。

·乖。动物只有听话，才能得到食物。

·乐于接受驱使。顺从，是能被驯化的动物的一个重要特点。

显然，动物能被驯化，其实是一个非常残酷的过程。职场不也是如此吗？一个人在职场生存，如果你拿得多、干得少，成长得还慢，执行力又差，还不服从上级指挥，我们扪心自问，谁愿意要这样的员工？企业要生存，员工也要生存，不要向你的老板提过分的要求。务实就是适应企业的需要，适应岗位的需要。职场是个大学，这所大学就是将一个人由方的变成圆的。什么时候，你变圆了，你就大学毕业了。

职场人培养务实的习惯，要体现在工作的各个方面。我给客户做营销策划，都尽量从企业的现实出发，顾及企业的实力和发展需要，而不是只想着拿出一套漂亮方案。对于企业而言，找我做咨询，就是为了打开市场、提升销量，扩大品牌影响力，我当然要帮助客户克敌制胜。每接一个案子，我首先考虑的都是，如果输了，必须为客户最大限度地减少损失。这就像一场战争，不同的人都投身其中，大家也都很玩命，我输了，拍拍屁股走人，而老板输了，就一切都完了。

服务客户，要替客户着想；提拔新人，要替员工着想；积极拓展业务，要替公司着想。职场是没有退路的战争，职场人只有着眼于现实，着眼于生存，才能培养自己的经营意识和效益观，也才能养成务实的工作习惯。

3. 总结和反思的习惯

很多人在工作中抱着一种得过且过的心态，走了弯路、犯了错误，却不吸取教训，结果好了伤疤忘了疼，人就是这样平庸的，能力也是这样滑坡的。有个老板问我：“赵老师，什么样的老板，是成功的老板呢？”我跟他半开玩笑半认真地说：“没有做死几个企业的老板，不是成功的老板。”人非完人，焉能无错？重要的是犯了错误能及时总结，走了弯路能及时反思，经验就是在总结和反思中积攒起来的。

一个优秀的职业经理人，要养成总结和反思的习惯。总结就是发现问题，寻找差距和不足，找到自己在哪儿栽倒的，就能从哪儿爬起来。反思就是进行更高层次的分析："如果下次我还遇到类似的情况，我应该如何处理""我的工作中，是不是还有这样的死角"……通过举一反三地追问，多问几个"为什么"，一般都能找到问题的根源。

我们总是习惯了向成功者学习，其实，从自己的失误中学习经验，要比从别人的成功中去学习，来得更快、更有效。

一个职业经理人，培养优秀的习惯，就是为了成为一个不可替代的人。什么叫不可替代呢？有这样一个小故事。

从自己的失误中学习经验，要比从别人的成功中去学习，来得更快、更有效。

一个替人做保洁工作的女孩打电话给王夫人

说：“您还需要保洁工吗？”

王夫人回答说：“不需要了，我已有了保洁员。”

女孩说：“我会帮您清洁屋里的每一个角落。”

王夫人回答：“我的保洁员也做了。”

女孩说：“我会帮您擦净盆景的每一片树叶。”

王夫人说：“我请的那人也已做了，谢谢你，我不需要新的保洁员。”

女孩挂断了电话，此时，她的好友问她：“你不是就在王夫人那里干保洁工作吗？为什么还要打这电话？”

女孩说：“我只是想知道我的工作做得怎样！”

优秀的极限就是不可替代。科学家研究发现：组成人体蛋白的八种氨基酸，只要有一种含量不足，其他七种就无法合成蛋白质。你看，当缺一不可时，一就是一切。生活中的一些现象也说明了这个道理。房价在涨、油价在涨，连大蒜都涨得离谱了。为什么呢？因为这些东西都有一个共性：不可替代性。“居者有其屋”是中国人的传统理想，所以，房子的需求是刚性的；石油是不优秀的极限就是不可替代，当缺一不可时，一就是一切。

可再生资源，现代社会是建立在能源基础上的，因此，长远来看，油价不涨才有问题；大蒜涨价，有炒作的成分，但本质上，它仍然是一种无法替代的产品。

说到底，产品也好，人也好，最重要的环节，永远是最贵的、最牛的、最受重视的。成为一个不可替代的人，才能拥有最多的资源和最大的权威。

好方法不如好习惯，养成良好的职业习惯，才能不可替代。优秀是一种习惯，优秀是一种思维，优秀是优秀者的通行证。有人说，“世界上最可怕的力量是习惯，世界上最宝贵的财富也是习惯”。的确，培养优秀的习惯，就已经成功了一半。让我们牢记：播下一个行动，收获一种习惯；播下一种习惯，收获一种性格；播下一种性格，收获一种命运。

强人强语

从平凡到优秀，就像毛毛虫蜕变为蝴蝶，丑小鸭晋级为白天鹅一样。

企业的经营成败，往往不是董事长说了算，而是基层管理者这样的小角色说了算。

自律其实就是自控，就是学会克制自己。自律的人低调。在工作上能突出主次。很多人之所以不优秀，不是他的能力不行，而是他的工作习惯不好。

职场是个大学，这所大学就是将一个人由方的变成圆的。什么时候，你变圆了，你就大学毕业了。

很多人在工作中抱着一种得过且过的心态，走了弯路、犯了错误，却不吸取教训，结果好了伤疤忘了疼，人就是这样平庸的，能力也是这样滑坡的。

从自己的失误中学习经验，要比从别人的成功中去学习来得更快、更有效。

产品也好，人也好，最重要的环节，永远是最贵的，最牛的，最受重视的。

你有资格讲条件吗

人是社会性动物，言行举止就必须符合社会的规则。一旦“犯规”，就有被吹“违例”、被人嘘“你 out（出局）了”的可能。少年时，你会说，“我的地盘我做主”；随着年龄的增长，人会变得越来越“乖”，别人就会夸你，“这孩子长大了、懂事了”，开始顾及别人的感受，这就是学会守规则。职场也是个小社会，也有它的规则。在你没有能力制定规则的时候，就要学会利用规则。讲条件就是如此。

有人说，“接受任务不讲条件、执行任务不找借口、完成任务追求一流”，其实，讲条件是工作中常有的事儿。任务有难度，为了顺利完成工作，需要向上级要政策；为了达到理想的薪水，需要跟老板商谈；为了获得一个好职位，需要和老板谈判……谈判，要有谈判的资格；议价，要有议价的能力。由于每个人在职场中的地位和角色的不同，讲条件的能力是不同的。但是，在你讲条件之前，请自问一下：你有资格讲条件吗？先看一段汽车大王福特的故事。

汽车大王福特不是一个吝啬的人，但他却很少捐款。他顽固地认为，金钱的价值并不在于多寡，而在于使用方法。他最担心的就是捐款经常会落到不善于运用它们的人手里。有一次，乔治亚州的马沙·贝蒂校长为了扩建学校来请求福特捐款，福特拒绝了她。

她就说：那么就请捐给我一袋花生种子吧。于是福特买了一袋花生种子送给了她。福特后来就忘了这件事情。没想到一年以后，贝蒂女士又上门了，交给了他600美元。原来学生们播种了当初的那一袋子花生种子，这就是一年的收获。福特什么都没说，立即拿出了600万美元交给了贝蒂。

一个东西，太容易获得，人就不会珍惜。接受他人的恩惠，首先要有能领受他人恩惠的资格。职场也是如此，你希望老板给你更多的薪水，前提是你能为公司创造更大的价值；你希望上司把你提拔到更高的位置，前提是你能为团队做出更大的贡献。在我看来，平庸的人没有资格讲条件；优秀的人可以被提拔，但最好别讲条件；只有那些卓越的人才有资格讲条件。

谈判，要有谈判的资格；议价，要有议价的能力。由于每个人在职场中的地位和角色的不同，讲条件的能力是不同的。

你要相信，从你一出生，上帝便创造了三个你。第一个你是可以被替代的，这是平凡的你；第二个你是不可被替代的，这是优秀的你；第三个你可以替代别人，但别人无法替代你，这是卓越的你。

每个人都想成为卓越的人。那么，卓越是什么？有位仁兄说，卓越就是追求完美，达到无欲无求的最高境界。

我生性比较愚钝，迄今为止还没有达到他说的那种境界。

我只能理解到比较俗的境界：卓越就是成为专业领域的高手，有自己独特的打法，这种打法是唯一的。比方说，在正常情况下，超常发挥，叫优秀；在超常情况下，正常发挥，那才叫卓越。具体到职场，一个卓越的人，他的能力、水平和经验是稳定的，能够为企业提供可持续的有保障的价值。

我们其实很难成为一个卓越的人，但至少我们可以靠近卓越，成为一个“准卓越”的人。

怎样判断一个人是不是靠近了卓越，达到了职场中一个比较高的层次呢？

一般的方法是“360° 评估法”，就是找几个与你有密切工作关系的人进行匿名评价，包括你的上级、同级、下级及自己。这种方法在人力资源管理中比较常用，能比较全面、客观地反映一个人的工作表现。如果你自己想评估和衡量自己的能力，我觉得你可以虚心地向你的领导、同事、下属征求意见，并且希望他们毫无保留地提出意见，你会发现汇集了这些人的观点以后，便会得到正确的判断。

另外一种有效的方法就是判断你是否已成为公司的储备干部。现在大部分公司都有自己的后备干部，这些干部经过一番历练后一般都能被提拔到比较重要的岗位上去。

如果你在老板心目中已经成为储备干部，那要恭喜你，你已经赢得了老板的心。但是，在现实的职场中，很多时候，老板出于自己的角色考虑，不会轻易表态，公开说你就是他想要提拔的人。我的经验是，一个一眼就被看透的老板，一定不是好老板。很多老板打算提拔一个干部，会采取一些方法去考验，抓住这些考验的细节，往往就能揣摩到老板的心思。这些可能的细节有：

派你去完成别人难以完成的工作；
派你去办理他很重要的一些私事；
让你代表他去处理一些问题；

和你分享他的一些秘密；

公开场合批评你的一些小问题，私下则是肯定和表扬你；

……

在中国民营企业中，老板的私事和公事，很难有明显的界线，如果老板愿意让你去打理他的私事，这说明他是信任你的，你离被提拔只有一步之遥了。很多时候，老板想提拔一个人，但他又不能明说。于是他希望能干的下属尽快做出业绩，以便获得升迁的机会。如果面临这样一些只可意会不可言传的处境，聪明的你，赶紧行动，给老板一个提拔你的理由吧。

从储备干部到获得升迁的第一桶金，你距离一个职场的卓越人士，只有一箭之地。然而，黎明之前最黑暗、胜利之前最渺茫，这一箭之地往往最难熬。面对即将到来的成功，你是否准备好了接受挑战？作为一个卓越的职场精英，你将面临四个方面的挑战。

一是心态的挑战。

从现在开始，你将与更难处的人相处，处理更难办的事。过去你管理的是一个小团队，现在你得经营一个部门，甚至一个分公司。这种角色的变化，你能不能适应？

二是能力的挑战。

从现在开始，你是不是准备好了要干更苦更累的活？你要干他人干不了的、也不愿意干的，甚至是干了以后费力不讨好的事。如果一个岗位不需要太出色的能力，那就没有理由非你不可。

三是承担更大责任的挑战。

管理者要比员工承担更大的责任，你是否准备好了为别人的失误承担连带责任？你是否准备好了献出自己的智慧来成就他人？“兵熊熊一个，将熊熊一窝”，能不能打开局面，能不能带出一个“嗷嗷叫”的团队，就看你敢不敢涉难事、碰难题、攻难关。

四是视野和格局的挑战。

从现在开始，你就要以一个干部的视野去思考问题，以一个干部的思维去处理问题。你要具备大局观，放下小团队利益、部门利益，而要着眼于整体利益。先看这样一个故事：

有一次，公司搞周年庆典。晚宴非常盛大，公司的高管和分公司经理都来参加。董事长和秘书在一个桌边聊天。突然，“砰”一声巨响，所有的人都停止了喧闹，原来是董事长身边的一瓶啤酒爆了。大家都屏住呼吸，不知所措。董事长一脸歉疚地说：“对不起，各位，我不小心弄爆了啤酒瓶。各位继续玩，希望大家玩得尽兴。”

看到没什么大事，大家又开始喝酒、猜拳，现场又恢复了欢快的气氛。

秘书很惊奇地问董事长：“老大，我看到啤酒瓶是自己爆的，为什么您还要说是自己弄爆的呢？”董事长坦然地说：“当然不是我弄爆的。我离这个啤酒瓶最近，如果我不承认，大家当然不会怪罪我。但是，大家心里就会有想法，在这里举办晚宴会不会不安全？喝这种啤酒会不会有问题呢？可能就因为这么个小问题，今天的晚宴就全砸了。”

世界上的对和错都是相对的。往小处说，董事长没错。

如果董事长只在意自己的面子，就会影响到晚宴的气氛，结果，局部的对却变成了整体的错；而董事长承认是自己的错，尽管个人面子上吃了点亏，却换来了整体的和谐。能为大我牺牲小我，不再过分计较个人得失，这种挑战要比心态、能力的挑战，大得多。

如果你已经准备好了接受挑战，我相信，凭你的能力和经验，一定可以为公司创造更大的价值，你也一定可以成为一名卓越的职场精英。

回到本节开头的部分，只有卓越者才可以讲条件。如果某些时候不得不讲条件，那你该如何讲条件呢？

首先要明确，哪些条件你不能讲。从我的经验来看，无论你讲什么条件，都不要伤害老板的面子，更不要去挑战领导的权威。

《西游记》中孙悟空讲条件的桥段很有意思。猴子被玉皇大帝封为弼马温，它嫌官小，反下天宫。李天王父子受命挥师出征，巨灵神奉命前来招安。

孙悟空对巨灵神说了一段话：

我本待一棒打死你，恐无人回去报信。且留你性命，快早回天，对玉皇说：他甚不用贤。老孙有无穷的本事，为何叫我替他养马？你看我这旌旗上字号，若依此字号升官，我就不动刀兵，自然的天地清泰；如若不依，就打上灵霄宝殿……

其实猴子就是猴子，它太不懂人情世故、礼仪规则了。

它奉行的原则就是“山大王逻辑”——谁本事大谁做老大。

尽管最终它得到了齐天大圣的称号，却免不了被如来佛祖囚禁在五指山下的命运。驳老板的面子，挑战老板的权威，这是职场中的大忌。有些职场人，就像孙悟空一样，本事大了就想另立山头；能力强了，就敢为所欲为；贡献多了，就会自我膨胀。

一个公司只能有一个太阳。如果你也想成为万众瞩目的太阳，那就离开这个平台，在这个地盘上，你还是先做星星吧。如果你不是老板，就不要梦想成为公司的太阳。《荷马史诗》中说：“神要是公然去跟人作对，那是任何人都难以对付的。”在一个公司中，谁要是公然跟老板做对，那肯定没有好果子吃。

老板是你职业生涯的决定者，处理不好与他的关系，你就等于砸了自己的饭碗。所以，跟老板讲条件，一定要把握好分寸。

我有一个朋友，有一次，他想离开供职的那家公司。原因是他在那个职位上已经待了三年，尽管老板很欣赏他，但是他工作的积极性大不如前了。他想直接跟老板摊牌，来征询我的意见，我给他出了一招。

第二天，他到公司后就找老板谈事。谈话间隙，他开玩笑说：“老大，最近心情不太好。我喜欢接听猎头公司打来的电话。”老板听了哈哈大笑。不久，他就被提拔了。

根据我与很多老板的交往经验，老板做得越大，就越善于妥协。做老板的，得在不同的利益中权衡利害关系，知道应该在什么地方做出妥协。但是，老板的妥协是有尺度的，不要试图去挑战他的底线。无论你有多么优秀，跟老板讲条件，都要尽量留有余地。巧妙的暗示，甚至不太认真的表态，都是要传递一种信息：你对现在的工作环境不太满意。切忌莽撞行事。

老子说：“合抱之木，生于毫末；九层之台，起于累土；千里之行，始于足下。”从平凡到优秀，从优秀到卓越，是一个自我砥砺、自我蜕变的过程。现在，你终于成为一只职场中的大鸟。如果说，升迁就像游戏中的百宝箱的话，卓越的你已经拿到了打开百宝箱的钥匙。从此，你将进入职场升迁的快车道。

强人强语

平庸的人没有资格讲条件；优秀的人可以被提拔，但最好别讲条件；只有那些卓越的人才有资格讲条件。

你要相信，从你一出生，上帝便创造了三个你。第一个你是可以被替代的，这是平凡的你；第二个你是不可被替代的，这是优秀的你；第三个你可以替代别人，但别人无法替代你，这是卓越的你。

一个卓越的人，他的能力、水平和经验，是稳定的，能够为企业提供可持续的有保障的价值。

一个一眼就被看透的老板，一定不是好老板。

如果一个岗位不需要太出色的能力，那就没有理由非你不可。

一个公司只能有一个太阳。如果你也想成为万众瞩目的太阳，那就离开这个平台，在这个地盘上，你还是先做星星吧。

第5章 人情练达即升迁

谁是你的贵人
点燃你的气场
人脉的力量

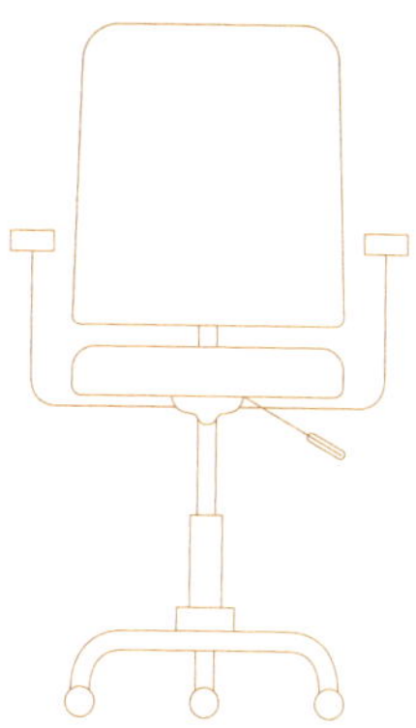

一个人要想成功，需要朋友的帮助；要想有所成就，需要能量更强大的贵人。

如果你没有权势，至少你要有财富；如果你没有财富，至少你要有才干；如果你没有才干，至少你要有一个好心态；如果你没有好心态，至少要有个好身体。如果你一无是处，你就不会有贵人，你只能获得别人的怜悯。

谁是你的贵人

为什么有的人飞黄腾达、吃香喝辣？为什么有的人穷困潦倒、一事无成？说到底，就是人情世故！在职场这个江湖里头混，通晓人情世故，是你必须修炼的一项生存技能。

有人曾对我抱怨："公司那些高管有什么能耐呀，看起来春风得意，不就是因为他们跟了一个好老板吗？"是啊，职场上总有一些幸运儿，他们也许能力平平，但唯一正确的选择就是跟对了人，结果好风凭借力，某一天果然发达了。其实，这也是理所当然的事，我们不是常说，选择大于努力嘛。

也有人对我说：“某某那家伙，好傻呀，就是个榆木脑袋。他的技术多好，干吗待在那个没前途的公司？还不是因为那个老板当年给了他点恩惠吗？”在我看来，人是三分理智、七分感情的动物，有才能的人，因为老板的知遇之恩，而念念不忘，鞠躬尽瘁，这也无可厚非。士为知己者死，千里马能遇到伯乐，那是千里马的幸运，忠诚于知遇者，合情合理。

其实，人都以为自己比别人更聪明，自己的选择更正确。如果你成功了，一样有人巴结你、讨好你。因为，人都喜欢接近成功的人、走运的人，而避开失败的人、倒霉的人，这是人之常情。职场不是如此吗？你想做出一番事业，赢得别人的尊敬，不也需要与强者为伍，和赢家同行吗？你想得到升迁的机会，不也需要上司的赏识和老板的提携吗？

一个人要想成功，需要朋友的帮助；要想有所成就，需要能量更强大的贵人。每个人都在寻找属于自己的贵人，这些人帮助我们渡过难关，带领我们走出迷茫，引导我们迈向成功，生命中得到贵人提携，是人生的一大幸事，你将因此而少走许多弯路，也将因此而学到很多成功的经验。

既然贵人如此重要，是不是我们就应该急吼吼地去寻找自己的贵人呢？我们不妨先做一个小测试。请你写出10个与你关系最密切的朋友的详细状况。你会发现一个有趣的现象：老师的朋友，大多是老师；医生的朋友，大多是医生；老板的朋友，大多是老板；富翁的朋友，大多是富翁……

原来“物以类聚，人以群分”这句话不是凭空而来的，你和你的朋友在社会地位及经济能力等诸多方面是相差不大的。

这个测试告诉我们一个简单的事实：既然每个人都希望找到自己的贵人，谁是那些贵人的贵人？每个人都希望与成功者同步，成功者凭什么就愿意和你同步呢？如果你想获得贵人提携，请问问自己，你能帮贵人做什么？

其实，那些能获得贵人提携的人，都是有能力的人，都是潜在的成功者。如果你没有权势，至少你要有财富；如果你没有财富，至少你要有才干；如果你没有才干，至少你要有一个好心态；如果你没有好心态，至少要有个好身体。如果你一无是处，你就不会有贵人，你只能获得别人的怜悯。

所以，与其说你是在寻找贵人，不如问问自己：你是谁的贵人？一个人只有具备被别人利用的价值，才能赢得别人的尊重，得到别人的垂青。

通常，成功学总会教育我们：成功靠才干、勤奋和努力。然而，总有很多有才干而运气不佳的人。我认为成功者可以分为三类：少部分走了狗屎运的庸人；大部分是才干和运气完美结合的成功者；极少部分不需要运气的天才。

对于大部分职场人而言，贵人带给你足够的运气和时机，贵人是你的才干争取来的。我们来看一个小故事：

三国时有个叫许允的，做过吏部郎。他在历史上不出名，但他的妻子阮氏却很有名。阮氏是个有名的丑女，据说是中国历史上四大丑女之一。

那时候是包办婚姻，新婚当日，夫妻才能见面。许允掀开盖头一看，转脸就走了，可见阮氏不是一般的丑。

丈夫离开新房，换一般的女人，怕是要寻死觅活了，阮氏却不急不闹。阮家是当地大族，于是她托人说情，让许允回来。

许允第二次进了阮氏的房间。看了一眼，掉头又要走。

阮氏知道，许允这次掉头，他就再也不会回来了，这是她最后的机会。于是她一把抓住了许允的衣襟。

许允看衣襟被抓住，无法挣脱，怒气冲冲地说："妇有四德，卿有其几？"

所谓妇有四德，古人指的是妇德、妇言、妇容、妇功。许允此话的意思：你长得这么丑，我怎么和你过？

阮氏却镇定自若地说："我所缺的只有容而已。但是士有百行，你具备几个呢？"

许允气呼呼地说："我都有。"

阮氏说："百行以德为首，你好色不好德，怎么能说都有？"

一席话让许允面有惭色，于是他留了下来。

阮氏最终得到幸福，这说明：如果没能有幸生得漂亮，就要修炼得聪明。对于阮氏而言，许允不只是她的贵人，简直就是她头顶的天。但是，换个角度想，阮氏又何尝不是许允的贵人呢？《世说新语》中说，许允在官场上多次渡过危机，靠的就是他的这位丑妻出谋划策。

只要给了阳光，就一定可以灿烂；只要你有能力，就一定可以争取到贵人。如果你碰到了生命中的贵人，如何通过贵人来实现你的远大抱负，如何通过贵人进入职场升迁的快车道呢？

营销策划中有个“比附效应”，说的是小企业要生存，最有效的策略之一就是比附在行业领导者们身边，靠着领导者们的名望直接晋级市场第一集团，这种策略就是借势策略，说得通俗点，也叫“攀高枝”策略，或“傍大款”策略。

有这样一个笑话：

有一个无赖，某天喝醉酒了，光着膀子在街上大声喊道："谁敢惹我？谁敢惹我？"

这时，一个身强力壮的彪形大汉站出来，弱弱地说："我敢惹你！"

无赖突然抱住大汉的胳膊，满含热泪地说："兄弟啊，俺可找到你了。"

然后，无赖更加大声地嚷道："谁敢惹我们俩！"

这就是比附效应的生动例子，跟着大人物，你才能成为大人物！如果凯特不嫁给威廉王子，她可能永远是一个普通人；如果周冬雨碰不到张艺谋，她可能永远成不了明星。人们常说"打狗还要看主人"，不都是狗吗？为什么有权有势人家的狗你不敢打，关键是那个主人！

弱小之时，正是累积能量的时候，学会借势才能成功。

王维是唐朝著名诗人，他是公认的诗佛，并且精通音律，是少有的全才。王维少年成名，在长安广交朋友，人脉极广，结交了不少权贵，尤为当时的皇族成员岐王所看重。这样的风流俊彦，21岁时便考中了进士，而且还高中状元。王维何以如此幸运呢？《集异记》里有这样一个有趣的记载：

当时有一个叫张九皋的人，走通了当朝公主的后门，提前被定为状元。而这个公主是武则天的孙女，权势很大。而王维也想应试做状元，可他的靠山是岐王，权势当然比不上皇帝的亲妹妹。岐王是个爱才之人，他决定帮王维一把。

有一天，岐王让王维穿上了一套很华美的衣服，以为公主奉宴为名，带王维来到公主府。

席间，姿容秀美、风度翩翩的王维，引起公主的注意，问道："这是什么人？"

岐王说："这是一个很懂音乐的人。"接着便命王维将新作的琵琶曲演奏一番，公主听了，大为感动。于是询问王维："这支曲子叫什么名字？"

王维回答："叫《郁轮袍》。"

岐王一看，机会来了，于是说道："这个年轻人不只音乐好，诗写得更好，还没有人能超过他！"

公主大为惊异，忙问："你现在有自己所写的诗吗？"

王维赶忙将诗从怀中取出，呈献给公主。公主读过大惊道："这些诗我小时候便经常诵读，一直以为是古人的佳作，怎么竟是你写的呢？"

于是请王维坐入客席，宾主相谈甚欢。岐王说道："如果这个年轻人今年科举考试得以高中，那是国家的大幸。"

公主问："为什么不让他去应试呢？"

岐王说："他心气很高，如果不能得到最为尊贵的人推荐，考中榜首，宁愿不考。可听说公主已推荐张九皋了。"

公主笑道："这有什么关系，那个人也是别人托我的。"接着对王维说："你如果真想考，我一定替你办成这件事。"

王维就此一战成名。

王维之所以这样幸运，得力于他善于借势。如果没有岐王这样的铁杆靠山，他怎么可能手眼通天，结交公主这样的权贵呢？如果没有公主的鼎力相助，他自然也不能高中状元。

人在职场混，你当然需要找到那些能帮助你晋升的贵人，并且打动他。如果你能得到老板的赏识，当然是再好不过了，因为老板是公司最大的贵人。很多时候，你可能很难一步登天，这就需要你去公关。人际公关其实就是拉关系。先看一个笑话：

鳄鱼张大嘴巴要一口吃掉壁虎，壁虎情急之下，一把抱住鳄鱼的腿，大声喊“妈妈！”

鳄鱼一愣，立即老泪纵横：“儿啊，你怎么都瘦成这样了，别再上班了。”

你看，壁虎多会拉关系，一句话就将关乎命运的拦路虎变成了亲人。大部分人都是普通人，一没金钱二没名气，父母双亲都是平头百姓，他们靠勒紧裤腰带省下的钱，供孩子上完大学，走向社会。所以很多人一切都要靠自己去努力。要学会拉关系，就两个方法，一是大气，二是讲义气。江湖混有江湖混的规则。你是个小角色，但是在你力所能及的范围内一定要大气。人和人在交往的过程中，无非是从诸如饭局、歌厅这样的小事中去观察你的为人处世，有谁愿意与一个经常蹭饭局而从不埋单的人

你能帮贵人干什么？你是谁的贵人？如果你一无是处，你就不会有贵人，你只能获得别人的怜悯。

打交道呢？工作中，在你的职权范围内，能帮人处就多帮人。

一个大气而讲义气的人，声气相投的朋友就比较多，而这些人中间，往往就有帮助你成功的贵人。

我们每个人，都需要贵人。《西游记》中凡是被孙悟空打死的妖怪，一般都是没有后台的，比如说白骨精。看来，妖精这个职业也不好干，也需要有贵人罩着。人生其实也是如此，遇到艰难困苦时，你希望有贵人能拉你一把，从而摆脱悲观绝望，再次面对生活的挑战；当你飞黄腾达时，也希望你不要忘了本分，成为别人生命中的贵人。

其实，人生就是一块硬币的两个面：谁是你的贵人？你又是谁的贵人？良好的人际关系就是善意的、互惠的关系，正如有句话说得好："给予就会被给予，剥夺就会被剥夺，信任就会被信任，怀疑就会被怀疑，爱就会被爱，恨就会被恨。"让我们以此共勉。

强人强语

一个人要想成功，需要朋友的帮助；要想有所成就，需要能量更强大的贵人。

如果你没有权势，至少你要有财富；如果你没有财富，至少你要有才干；如果你没有才干，至少你要有一个好心态；如果你没有好心态，至少要有个好身体。如果你一无是处，你就不会有贵人，你只能获得别人的怜悯。

与其说你是在寻找贵人，不如告诉自己：你是谁的贵人？

成功者可以分为三类：少部分走了狗屎运的庸人；大部分是才干和运气完美结合的成功者；极少部分不需要运气的天才。

跟着大人物，你才能成为大人物！

点燃你的气场

生活中，我们经常看到这样的现象：某帅哥发现一美女，两眼发直，双脚都迈不动，这是“致命的诱惑”；某大牌明星出场，粉丝们就疯狂地尖叫：“我爱你！”这是“超高人气”。

工作中，你会发现，那些职场红人，他们春风得意，上司欣赏他们，客户喜欢他们，同事佩服他们，要什么有什么，他们似乎总能轻而易举地取得成功。

这些人都具有一种非凡的特质，那就是气场。

气场是什么？

气场是一种磁性，是一种魅力，是一种强烈的吸引力。它使得人们的目光总是被对方吸引，不论对方在做什么。气场是一个人头顶的光环，那些有光环的人，往往更容易赢得别人的关注。

玛丽莲·梦露只有一个，戴安娜也只有一个，那种魅力足以征服所有人。想想比尔·盖茨、巴菲特、李嘉诚这些人，他们被赋予了耀眼的光环，因而总是受人关注。气场就是魅力和光环的融合。

每个人都有自己的气场，那是你内心渴望的外在流露。

如果一个人渴望成功，那他一定会流露出强烈的企图心；如果一个人渴望宁静，那你一定能感受到他远离喧嚣的那种气质。所以，气场是一种内心的力量，当我们的这种力量被激发出来以后，我们的气场就会不可阻挡地洋溢出来。

气场是一种磁性，是一种魅力，是一种强烈的吸引力，是一个人头顶的光环。

有气场的人，充满磁力和吸引力。正如性感的女人有丰

富的过去，而性感的男人有无限的未来。这两种性感塑造的都是一个人的气场。优秀的人都有气场，而你距离它只有一步之遥。你该如何点燃你的气场呢？

日本知名内科医学博士志贺贡，曾提出一个“0.8原则”。

他认为，人的心脏每0.8秒跳动一下，也就是每分钟75下，是人体循环的最佳状态。烹饪时原本加一匙盐，改为0.8匙，不仅最能够引出生鲜食材的原味，对肾脏也不会形成太大的负担。

“0.8原则”很有启发性。我们常说：“月满则亏”，凡事过犹不及。吃饭八分饱，胃部才能吸收得好；工作要出十分力气，抱八分期望。凡事留一点空间与余地，往往可以达到最佳的效果。

我们要点燃自己的气场，修炼强大的内心，也需要借鉴这种留有余地的“0.8原则”。距离产生美，留有余地才有吸引力。职场中那些大受欢迎的人，他的好人缘也是来自这0.8之外的两成空间。

我认为，职场中那些气场强大的人，都有两个特点：

一是能管好自己的情绪，二是乐于人际沟通。能管好自己的情绪，这个人一定是阳光的；能在沟通中左右逢源，这个人一定是智慧的。

卡耐基说：“在我们生命的每一天，每个人首先面临的是情绪的控制，我毫不犹豫地将情绪管理定为整个人生的第一管理。”一个有气场的人，是阳光的，而阳光的人自信，对未来充满期待。我们在工作中，往往由于各种各样的原因生气，此时，我们要善于控制自己的情绪，不要让自己的情绪失控。

相传成吉思汗有一个“盛怒杀爱鹰”的故事。

他带着心爱的老鹰上山打猎，干渴难耐时发现一处有少量泉水渗出的山谷，便耐着性子用杯子接那滴答下来的泉水，在接满水准备喝的那一刻却被老鹰把杯子扑翻在地。如此反复两次令成吉思汗勃然大怒，一气之下杀了爱鹰。之后当他寻往高处的水源地喝水时才发现，原来爱鹰不让他喝水并不是出于逗弄，而是由于水源里有一条毒蛇的尸体。

成吉思汗在盛怒那一刻已经被“情绪绑架”，最终酿成大错。职场中人际交往也是如此，我们要学会控制负面情绪的影响。在我看来，职场人要学会控制两种负面情绪，一是情绪急躁，二是情绪焦虑。

情绪急躁，做事就不细，毛手毛脚，就容易把事情做过了头，这种情绪导致遇事不冷静，不分青红皂白，就匆忙决断。有些人经常莫名地迁怒他人，就是情绪急躁的表现：上班生了气，回家打孩子；跟领导生气，拿下属撒气。这种情绪害人害己，自毁前程。

情绪焦虑，就会遇事神经质，做事随意性大，东一下，西一下，没有规律，情绪忽高忽低，其结果是自己累得够呛，工作上不去，落得个瞎折腾。

如果遇到这两种情绪状态，不妨学学前面讲的“0.8原则”，停下手头的工作，让身心获得舒缓，让精神得到放松，然后再理智地处理问题，效果就会好很多。

弦绷得太紧，反而易断；弓张得太久，反而易折。所以，喜怒不形于色，才能保持平和持久的状态，这需要修养到一个很高的境界，但是你至少要学会不生气。

管好自己的情绪，是一种内在的修炼，是一个人的气场的能量来源；而沟通和分享，则是一种外在的技巧，是一个人气场强弱的实现方式。良好的沟通是人际关系的润滑剂。人们可能不喜欢一个有能力的暴君，但是会喜欢一个能力平平、左右逢源的人。

一个有气场的职场人，是个沟通高手，他们能恰到好处地拿捏分寸，懂得分享自己的真知灼见，也懂得接受别人的善意批评。即使是坚定地拒绝对方，也要在措辞上进行修饰和包装。当你说“不”时，你要使“不”听上去像“是”一样好听。中国人强调的沟通方式是公开表扬，私下批评。

错误可以指出，但要在私下的场合；有了成绩要鼓励，一定要在公开的场合。语言是人内心世界的一种投射。如果每次你问别人“吃了吗”，那么大部分情况下是你自己快饿死了。

职场中气场强大的人，都有两个特点：一是能管好自己的情绪，二是乐于人际沟通。

保持距离、把握分寸，这就是沟通中的智慧。

职场的人际沟通中，总有很多事，是你不方便说的。轻松地转移话题，是一个不错的方法。智慧的人都深谙“乾坤大挪移”的妙处。沟通的技巧，一种是听的艺术，一种是说的技巧。

从我的职场经验来看，听的艺术，有两种情况要特别注意。

一是不要成为别人的休止符。职场中总有一些内斗，总有一些人互相看不顺眼而起言语冲突。不幸的是，你往往就在他们争斗的现场，你置身一个尴尬的处境，有些人忙不迭地劝架。此时，你一定要管住你的嘴，不要去插嘴。他们争斗不需要一个裁判员，而你也没有资格做裁判员，况且，当裁判员挡“路”时，还会被揍呢。不要以为他们是因为工作上的小事而起争执，即使如此，你也不可能使他们的战争停止。

二是避免成为别人的句号。如果领导之间相互交流，请不要随便发表意见，除非领导征询你的看法。如果领导交流的时候出现了某些描述性的错误，你也不要当时就指出，这会伤害领导面子。如果领导是个从谏如流的人，你或许事后可以提醒一下。人们都喜欢表达自己的看法，作为一个优秀的听众，听本身就是你的职责，而不是去做评价。所以，不要自以为是地去做别人讲话的句号，把这个权力交给你的领导，他会获得更大的成就感。

说话是门大学问，很多人口无遮拦，结果得罪了人；还有的人死活不愿意说，结果失去了机会。两者都不可取。

我认为，人际沟通中，说话的原则是："假话全不说，真话不全说。"说假话，别人会怀疑你的人品；说真话，又会得罪人。所以只好"逢人只说三分话"，就是说你不能把话说得过头，要留有余地。这的确是个很好的处世方法。

人和人的感情，看起来牢固，其实很脆弱，往往因为一两句话，几十年的交情付之东流。人都喜欢听好话，谁会喜欢一个开口就没有一句中听话的人呢？所以，什么话能说，什么话不能说，什么话得这么说，什么话得那么说，就需要我们不断地去体会。下面这段话，比较实用，你可以试着去借鉴。

急事，慢慢说；
大事，严肃地说；
小事，别随便说；
没把握的事，谨慎地说；
没发生的事，不要胡说；
做不到的事，别乱说；
伤害人的事，不能说；
开心的事，看场合说；
伤心的事，不要见人就说；
别人的事，最好不要说；
家里的事，就在家里说；
自己的事，听听别人怎么说；
公司的事，搞清楚情况再说；
现在的事，做了再说；
未来的事，未来再说。

在日常的人际交往中，说话还要注意一些细节。比如一定要记得称呼对方的名字。每个人都很在意自己在别人心目中的位置，称呼别人的名字，就表明内心意识到对方的存在，并且牢记着对方，这能提高彼此的亲密度。还有，不要说三道四，捡些“某领导的风流韵事”“某同事的野史”谈起来没完。这些无聊八卦的话题，会破坏同事间的团结，成为人际交往中的“炸弹”。

一个有气场的人，会时刻保持自己的职业状态，他们看起来儒雅而有礼貌。如果你希望成为职场中最受欢迎的那一个，不妨牢牢记住美国管理学家雷鲍夫总结出的 8 种最佳的沟通语言：

1. 最重要的八个字是：我承认我犯过错误
2. 最重要的七个字是：你干了一件好事
3. 最重要的六个字是：你的看法如何
4. 最重要的五个字是：咱们一起干
5. 最重要的四个字是：不妨试试
6. 最重要的三个字是：谢谢您
7. 最重要的两个字是：咱们
8. 最重要的一个字是：您

如果气场有味道，那么好的气场的味道就是阳光和智慧。一个面对挫折，却能想到雨后彩虹的人，一个懂得保持距离、把握分寸的人，他一定有很好的人缘，一定能赢得别人的尊敬，他的内心力量必然是强大的。每个人，都有机会点燃属于自己的气场，那将使你在人际交往中，由配角成为主角，从而成为职场上一个耀眼的明星！

强人强语

如果一个人渴望成功，那他一定会流露出强烈的企图心；如果一个人渴望宁静，那你一定能感受他远离喧嚣的那种气质。

能管好自己的情绪，这个人一定是阳光的；能在沟通中左右逢源，这个人一定是智慧的。

说话是门大学问，很多人口无遮拦，结果得罪了人；还有的人死活不愿意说，结果失去了机会。

如果气场有味道，那么好的气场的味道就是阳光和智慧。

人脉的力量

“钱不是问题，就缺朋友。”这是电影《非诚勿扰》中葛优的感叹。

很多职场人也有类似的感叹：“我的能力不差，就缺好的人脉。”的确，能力是一个人职场生存的先决条件，而人脉则是一个人职业发展的拉动力量。你可能会注意到这样一些现象：在被解雇的员工中，大部分人的人际关系都不好。一个人际关系不好的人，如何能最大限度地发挥他的才能呢？他的心智是不成熟的，企业留他何用？正如有句话所说：“社会就是人际关系织成的网，网破了，你就完了。”

激励大师安东尼·罗宾说：“人生最大的财富便是人脉关系，因为它能为你开启所需能力的每一道门，让你不断地成长，不断地贡献社会。”的确，很多时候，在职场，人脉就是命脉，我们都不能忽视人脉的力量。

社会就是人际关系组成的网，最好的工作经验之一，就是积累人脉。

我们先看看秦朝丞相李斯的故事。

李斯少年时，家境贫寒，但他很小便聪慧过人，好学不倦。成人后，李斯因办事干练，被人举荐为看管粮仓的小吏。

有一次，他看到吏舍厕所中的老鼠，吃的是肮脏的粪便，又经常受到人和狗的侵扰。李斯来到粮仓，看到这里的老鼠吃的是堆积如山的谷粟，住着宽大的房舍，而且没有任何人来打扰，于是，他心中顿然明白，感叹地说：“原来一个人有无出息就像这老鼠，在于能不能给自己找到一个优越的环境。”

李斯的老鼠哲学，说明了什么道理呢？不同的环境，会造就不同的命运。如果说，一个人的经验和能力是职业发展的内环境，那么人脉和平台则是职业发展的外环境。积累丰富的人脉，给自己打造一个优越的外部环境，你的职场之路将如虎添翼。

中国始终是一个讲人情的国度，职场中的很多事情，不是靠单纯的行政命令就能搞定的。良好的人脉，是职场人最重要的资源之一。我在职场拼搏的这些年，之所以能取得一些成就，人脉起到了很重要的作用。

我们都是在路上的人，势单力薄，我们需要通过经营人脉，来推动事业前进。在一个公司，你会发现大量的和你一起上班的人，并不是和你志同道合的人。我们缺少的是一起面对困难、一起披荆斩棘的同道者，而不是寄居在公司的过客。懂得了这个道理，你就明白，如果你想有所作为，你就必须寻找你的同道者，他们才是你需要的人脉。

人脉是经营出来的，不是等出来的。我发现，职场中的那些幸运儿，都有一个特别重要的特征：那就是性格外向，他们更容易与人相处，乐于花时间参加聚会，喜欢和人打交道。

如果你也想成为职场中的幸运儿，下面这个故事，你就不能错过。

很久之前，有一位初中辍学的孩子，到城里打工，他在一家快餐店送“外卖”，每月工资不高，但很辛苦，高峰期一天得送好几百份快餐。

他看起来很瘦弱，年龄又小，有的客人就问他：“你是不是不想上学，逃学来打工啊？”他说，他母亲有慢性病，父亲是个残疾人，他是家里唯一的顶梁柱，所以要挣钱养家。

这个朴实的孩子就在那家快餐店继续他的职业生涯，他的同事因为忍受不了微薄的工资，换了一茬又一茬，而他依然在坚持，这一坚持就是六年。

整整六年，他从一个小孩成为青年。周边的生意人几乎都认识他，几乎所有的人，都以为他是快餐店的老板，至少也应该是股东吧，不然，怎么可能干这么久呢？而事实上，他每个月只有几百元的工资。

在工作的第六个年头，小伙子离开了那家快

餐店，自己开了一家家政服务公司。家政服务公司进入门槛低，竞争非常激烈，但他的公司却生意火爆。原来，他在送外卖的六年中，结识了几千个生意人，生意人是最需要家政服务的群体，而且他们也很认同他。

他公司的生意越来越好，他的资产也迅速增加。很多人都觉得这是个商业奇迹。他自己却说："很少有一个人能送六年的外卖，在这个城里有吗？"

有人看了这个故事后，评价说："这小伙子花六年时间，干一件没有技术含量的工作，他的工作经验不足。他开的这家公司不是一个可以冲击500强的公司，小伙子的能力没有得到培养。"

我很纳闷：什么叫工作经验不足？在世界500强干上六年，才算有工作经验吗？什么叫工作能力没有得到培养？学了MBA（工商管理硕士）的人能力就很强吗？

在我看来，送外卖的小伙子，掌握了最好的工作经验，那就是如何积累人脉，他的能力也得到了最好的培养，能征服几千个客户的人，你能说他没有工作能力吗？

这个小伙子的成功之道其实非常简单，他用了一个最笨的但也是最有效的办法，建立了自己的人脉网络。现在社会竞争压力大，人们都惜时如金，舍不得花时间去经营人脉。很多人觉得，人和人的关系越来越疏远，没有发小的关系铁，可是你想过没有，你交到第一个发小花了多长时间？你第一眼看到他一定觉得很别扭，你甚至用了几天时间才跟他说上第一句话，你用了整个幼儿园的三年来和他一起玩，然后又有几年你一直觉得他是个白痴，和他绝交，现在到了三十年后，你觉得他是你最好的朋友。最好的朋友都是你舍得花时间经营来的。

每个人的人际网络都是一个圈子，不同圈子的人，交流不同的信息。那么，你加入了一个有影响力的圈子吗？

有人认为，世界上最痛苦的人有两种：一种是走在最前面的人，一种是走在最后面的人。前者属于拓荒者，容易“长江后浪推前浪，前浪死在沙滩上”；后者是掉队者，容易被淘汰出局。加入一个圈子，获取丰富的信息，吸收大家的经验和智慧，你就不会独自摸索，避免成为“先驱”，也不至因为“太 out 了”而掉队落伍。

尽管现在的中国社会已不完全是熟人社会，但是，建立在亲缘、地缘基础上的人际关系仍然有鲜明的熟人社会烙印。我们的商业文化呈现典型的地域特征。如浙商、粤商、蒙商、徽商、晋商等，这些地域性的商业集团，形成了独特的商业圈子。一个人一旦获得了一个圈子的认可，发展往往就一帆风顺；而一旦遭到一个圈子的排斥，职业生涯就会受到很大冲击。

所以，圈子是人脉的载体，所产生的力量不可忽视。

每个公司，也有自己的圈子。职场人要重视发展公司中那些决定你升迁的人脉。我认为，在公司中，有五类人你要重视，结交好这些人脉关系，对你升迁有极大的作用。

你的同道者，才是你的人脉。圈子是人脉的载体。你可以借助别人的智慧，成就自己的事业。但是人脉需要管理，需要你花时间经营。

你的同道者，才是你的人脉。圈子是人脉的载体。你可以借助别人的智慧，成就自己的事业。但是人脉需要管理，需要你花时间经营。

“敌人”，他们往往是你的同事。我们要牢记一点：和比自己强的人合作，而不是和他们战斗。很多所谓的“敌人”往往都是相互了解的朋友。学会在竞争中合作，试着和竞争对手成为朋友，这很能考验一个人的能力。

“红人”，老板身边的红人，这些人往往是忠诚于老板的死党，创业时期的老人，或者是老板的亲戚、心腹。得罪这些人，他们几句话就能将你的职场生涯彻底毁掉。争取跟老板身边的红人成为朋友，至少不能成为对手。如果不能和他们成为朋友，那至少不能让他们说你的坏话。

“女人”，不要去碰老板的女人，更不要去得罪她们。否则，枕头风会让你失败得莫名其妙。

“能人”，凡有一技之长者，都不要轻视。公司里有一技之长的人，比如，专业技术人员、财务人员、研发人员等，这些人或许不和你发生实际的业务关系，他们甚至有的都不是管理者，但是很多老板往往很看重他们的评价，因为在老板看来，这些人可信度更高。

“客人”，主要是你的客户、合作机构的人员、代理商、供货商、银行、培训咨询公司的人员。这些人无意间对你的评价，往往能影响老板的决策。

很多人也许不是最重要的决策者，但是他们却能影响老板的决策。虽然你不能让每个人满意，但你至少不能得罪这些人。

在职场发展的道路上，人脉比知识更重要。发展人际关系应当是你优先级最高的事之一。职场人应该如何发展人脉关系？以下是一些屡试不爽的方法。

1. 建立自己的智囊团

借助别人的智慧，来成就自己的事业，这是成功者一个重要的特征。如果你还在孤军奋战，那下面的问题，应该引起你的注意：

> 你身边是否有几个帮你出主意的专业人士？除了上司和老板，是否还有几个愿意投入时间来帮助你进步的导师？
>
> 你是否有过至少一次向业内顶尖专家求教的经历？

如果没有，赶紧拜高手为师，建立自己的智囊团吧。

2. 获得高质量人脉资源

不要满足于只是在一个小圈子获得人脉资源，想想办法和那些有影响力的人面对面。以下几个方法，值得你借鉴：

（1）和媒体、出版机构、培训咨询机构、高校、猎头公司等建立广泛联系，这些机构的交际高手所掌握的人脉，要比你认识的人多得多。

（2）参加行业协会和专业论坛。加入与你专业相关的行业协会，积极参与各类专业论坛，你将有机会认识专业领域的权威，并且收到大量有价值的人的名片。

（3）丰富你的教育经历。参加 MBA 培训或类似的各种高端培训学习，这是平常你无法企及的人脉资源。

3. 管理好人脉的小方法

（1）表格化管理。列出清单，按照需要分类，比如潜在客户、潜在雇主，列出他们的详细信息，并评估他们在所在单位的话语权。

（2）分级管理。对所有人脉，按照重要程度分级，以便于关系维护。比如，A 级至少一个月联系一次；B 级至少一个季度联系一次；C 级至少一年联系一次。在此基础上，制定“人脉关系维护日清表”，按照表格每天去执行。

（3）保持小联系。通过一些简单的方式，比如短信、电邮、电话问候等方式，和重要的人，进行频繁的小联系，让你的人脉网络处于激活状态。

（4）注意跟进。与要交往的人见面后，保持跟进是别人记住你的关键。

（5）加强非工作联系。聚餐、唱歌、出游、参加各种文体活动等都是备选方案。

方法只有用了才有效，以上这些拓展人脉、维护人脉的方法，希望能为职场精英的飞黄腾达提供一点帮助。

美国前总统西奥多·罗斯福在回忆自己的成功历程

时这样说过："成功的第一要素是懂得如何搞好人际关系。"事实确实如此，多一个熟人，多一分力量！一个人能做到将"锐气藏于胸，和气浮于脸，才气现于事，义气示于人"，那一定是人脉宽广、长袖善舞的高手。希望所有追求成功的职场人，能运用人脉的力量，提升为人处世的水平，获得升迁发达的机会，达到成就事业的目的。

强人强语

一个人的经验和能力是职业发展的内环境，那么人脉和平台则是职业发展的外环境。

在一个公司，你会发现大量的和你一起上班的人，而不是和你志同道合的人。我们缺少的是一起面对困难、一起披荆斩棘的同道者，而不是寄居在公司的过客。

人脉是经营出来的，不是等出来的。最好的朋友都是你舍得花时间经营来的。

和比自己强的人合作，而不是和他们战斗。

借助别人的智慧，来成就自己的事业，这是成功者一个重要的特征。

第6章

级别是营销出来的

做几件长脸的事
找自己的卖点

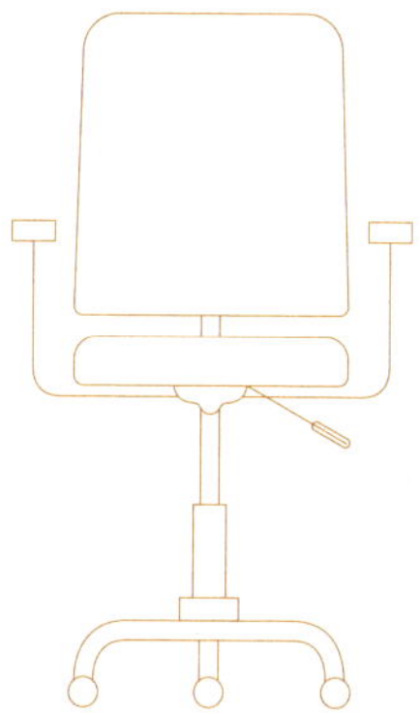

打造个人品牌，就是将你的能力、个性及独特品质融为一体，并最大限度地发挥它的影响力，把别人对你的看法变成你成功的机会。

做几件长脸的事

我们生活在一个品牌的世界。国家有国家品牌、企业有产品品牌，我们的衣食住行都离不开品牌。个人有没有品牌呢？当然有。但是一提到个人品牌，许多人往往会想到明星，想到名人，以为只有他们才有资格谈个人品牌，只有他们才有可能形成自己的个人品牌。其实这是个误解。美国首屈一指的个人品牌大师彼得·蒙托亚指出，品牌并不是名人的专利，每个人都能有自己的个人品牌。

所谓的“个人品牌”就是你区别于他人的，与众不同的特征与价值。个人品牌使你从人群中脱颖而出，并给人留下深刻印象。对于一个老板来说，他的个人品牌甚至可以成为企业的品牌；对于我们每个职场人来说，个人品牌是职业发展的助推器，借助它你可以获得加薪和升迁机会。

然而，很多职场人却恰恰缺乏品牌意识，忽视打造自己的个人品牌。我们先看一个小故事：

小娜和小琳是同一年进入这家公司的，都在客服部工作，分管的事务不同。

小娜性格内向，做事踏实，对自己的业务工作认真钻研，凡是上级安排的任务，都能保质保量地完成，工作以外的时间，很少和同事有交往，久而久之，在同事眼里，小娜是个独行侠。

小琳性格外向，工作也比较卖力，业务也能上手，但她比小娜会处关系。一有空，她就和同事们“撮一顿”，公司有什么文体活动，小琳也乐于做组织者。而且，她特别喜欢向领导和同事介绍自己，比如自己的优势、专业、特长等。有事没事，还经常去找领导汇报工作。

小娜不喜欢小琳，因为她觉得小琳爱和同事打哈哈，爱说领导好话，是个马屁精，做了一点工作就显摆，有了一点成绩就到处宣扬。

在他们工作的第二年，客服部要从新人中提拔一个主管，小娜志得意满，觉得自己业绩突出，胜出者一定是她。可是最终被提拔的却是小琳。

小娜想不通，自己能力强、业绩好，经常加班加点，为什么领导提拔的是小琳，而不是她呢？

在这个案例中，小娜是个“独行侠”，她抱着个人英雄主义的态度，踏实地练内功，却疏于人际沟通。而小琳，则属于团队中的活跃分子。她不断地向别人说自己的优势，这类似于营销中的做广告；经常向领导汇报工作，这就像营销中的与目标消费者沟通一样。小琳正是在沟通和互动中，树立了自己的个人品牌，从而也赢得了领导和同事的认可，提拔她，是顺理成章的事。

像小娜这样的员工，在职场中并不鲜见。他们像老黄牛一样，能力强、业绩好，但往往却没有被提拔的机会。我们说，在职场生存，你既要学会低头拉车，也要学会抬头看天。低头拉车，说的是工作态度和能力，而抬头看天，讲的其实就是品牌意识。

一个优秀的职场人，应该懂得树立个人品牌的重要性。个人品牌就是你的公众标志，也是你的能力象征。打造个人品牌，就是将你的能力、个性及独特品质融为一体，并最大限度地发挥它的影响力，把别人对你的看法变成你成功的机会。

每个人都能有自己的品牌，一个优秀的职场人，应该懂得树立个人品牌的重要性。

如果我们把工作比喻为打猎，作为一个优秀的猎人，你不仅要学会捕捉猎物，还应该熟悉狩猎环境，最重要的是你要掌握过人的狩猎方法。在我看来，职场中打造个人品牌的方法，最重要就是要做出几件让你长脸的事。

长脸的事就是长面子的事，就是特给你争气的事。任何一个品牌，能够被人们长久记住的，就是它的故事。那些让你长脸的事，就是你的品牌故事。

我在聘用员工时，经常看他们的职业履历。大部分人都是从一家公司跳槽到另一家公司，从一个职位换到另一个相似的职位，他们的工作履历中，没有真正能打动人的东西，缺乏证明他们工作能力的品牌故事。职业履历上没有过硬的“干货”，所以你就只能不断地去找工作，而不是让工作找你。

咱们中国人最讲面子。“不看僧面看佛面”，说的是交情；“看人下菜碟儿”，讲的是认可；“打肿脸充胖子”，看的是信用；“死要面子，活受罪”，要的是自尊；“光宗耀祖”图的是名声。个人品牌故事是一个职场人的脸面，它能充分体现你的工作经验、能力，所以最有说服力。

很多人在职场上打拼了很多年，为什么没有一个好听的个人品牌故事呢？我认为，主要是大部分人不懂得利用光环效应来自我营销。

光环效应，也叫晕轮效应，说的是人们对他人的认知判断首先是根据个人的好恶得出的，然后再从这个判断推论出认知对象的其他品质的现象。譬如说对一个外表英俊漂亮的人，人们很容易就误认为他或她的其他方面也很不错，这就是俗话说的“一俊遮百丑”。

最能说明这个道理的就是俄国大文豪普希金的故事。

普希金狂热地爱上了被称为“莫斯科第一美人”的娜塔丽娅，并且和她结了婚。娜塔丽娅容貌惊人，但与普希金志不同道不合。每当普希金把写好的诗读给她听时，她总是捂着耳朵说：“不要听！不要听！”相反，她总是要普希金陪她游乐，出席一些豪华的晚会、舞会，普希金为此丢下创作，弄得债台高筑，最后还为她决斗而死。

在普希金看来，一个漂亮的女人也必然有非凡的智慧和高贵的品格，结果他却为这个漂亮女人送了命。大文豪如此，我们普通人也是如此。我们对一个人的看法，大部分是凭感觉，而不是建立在事实基础之上的。这是人的普遍认知特点，你无法改变。

工作中也是如此。有的上司看到一些下属的个别缺点，或对他们的生活习惯、衣着打扮看不顺眼，于是就会把他们看得一无是处。而看到某人的字写得好，就认为他思路清晰，办事果断、认真、有条理等。你一天工作八小时可能就玩了那么五分钟的游戏放松一下，但偏偏这五分钟被上司看到了，于是他会认为你是一个偷奸耍滑的员工。一个人做了什么事和别人觉得他做了什么事，很多时候没有办法画上等号。

既然人们都是按照感觉在评价别人，那么你就应该给别人留下好的印象。每个公司都有自己的文化和规则，进入一家公司，马上适应它的规则，按照公司的要求去做事，你就能赢得上司的认同。在工作中，把你的优势发挥出来，并且，要注意和你的上司保持密切的沟通，强化他对你优势的认同。这样一旦有符合你优势的机会，上司一定首先想到的是你；一旦遇到和你的能力匹配的职位，上司会优先考虑提拔你。就像上面案例中的小娜，尽管她的能力很强，但是她给人的感觉是一个独行侠，而不是一个有团队精神的人，她当然会失去被提拔的机会。

懂得了“光环效应”的真谛，你就会明白：如果你的职业生涯中，能有几个经典的案例，你就能马上赢得别人的好感，别人也自然就对你刮目相看，你也就很容易获得想要的职位。

“光环效应”向我们揭示了职场中的真相，个人品牌是在别人的心目中建立起来的。你能否是一个有能力的人，不取决于你的认知，而取决于别人的认知——你的上司及老板的认知。如果你明白了人的这种认知方式，你就知道应该怎么去做，怎么获得成就自我的机会。所以，你要将你的老板、上司视为你的客户，重视他们的感受，了解他们的意见，而不要总是按照自己的想法行事。有这样一个哲理故事：

从前有一个和尚跟一个屠夫是好朋友。和尚天天早上要起来念经，而屠夫天天要起来杀猪。为了不耽误彼此早上的活计，于是他们约定早上互相叫对方起床。但他们都不会过问对方的工作。

多年以后，和尚与屠夫相继去世了，让人意外的是，屠夫的灵魂上了天堂，而和尚的灵魂却下地狱了。

这是为什么？上帝说：因为屠夫天天做善事，叫和尚起来念经；相反地，和尚却天天叫屠夫起来杀生……

我们很多人就像案例中的和尚一样，其实每天在辛勤地做错事，因为他从一开始就走错了路。你要想得到一个好的职位，做出几件长脸的事，那你就要首先赢得老板的信任，让老板愿意给你机会。

其实，中国大部分公司都是小企业，在小企业混，你一定要在老板需要的时候挺身而出，勇担重任。这个时候，你往往可以做成职业生涯中第一件长脸的事。

大家都听说过“毛遂自荐”的故事。说的是毛遂这名优秀的员工，在“老板”平原君陷于困境的时候挺身而出，成功化解危机，结果无名的他，很快受到了重用。在你没有品牌故事的时候，选择一个合适的时机，向老板展示你的能力，你就会获得成功的机会。

网络上有句流行语：女人认为好男人应该像包子——把精华都包在里面；而男人则喜欢女人像汉堡——让养眼的东西都露在面儿上。做几件长脸的事，让你的能耐，也露在面儿上吧。我们每个人都有机会打造自己的个人品牌。只要能把握人的认知特点，你就懂得如何策划自己、展示自己、推销自己。歌德说：“人们见到的，正是他们知道的。”我相信，当你的见识开始与众不同的时候，你的级别也会水涨船高。

强人强语

打造个人品牌，就是将你的能力、个性及独特品质融为一体，并最大限度地发挥它的影响力，把别人对你的看法变成你成功的机会。

如果我们把工作比喻为打猎，作为一个优秀的猎人，你不仅要学会捕捉猎物，还应该熟悉狩猎环境，最重要的是你要掌握过人的狩猎方法。

职业履历上没有过硬的“干货”，所以你就只能去找工作，而不是让工作找你。

个人品牌是在别人的心目中建立起来的。你能否做出成就来，不取决于你的认知，而取决于别人的认知，你的上司及老板的认知。

当你的见识开始与众不同的时候，你的级别也会水涨船高。

找自己的卖点

我在自己的另一本书《离开公司你什么都不是（精装典藏版）》中讲过一个观点：

每一个人都是一个公司，“人生公司”不足百年。赵强就是“赵强有限责任公司”的董事长，你也是你的“人生有限责任公司”的董事长。我们很多董事长终其一生只知道“做产品”，而不知道经营自己的品牌；只知道把“产品质量”做好，而不知道好产品还要会营销。

个人品牌是我们“人生有限责任公司”独一无二的无形资产。无形资产不能得到有效传播，我们的品牌就不能做大。站在这个角度上，职场的升迁就是一步步做大个人品牌的过程，就是不断地放大你的品牌能量的过程。如何才能更好地传播我们的个人品牌呢？这就需要我们有一个好卖点。

卖点是什么？在品牌营销中，卖点就是消费者掏钱的理由。有个感冒药叫“白加黑”，你看它的广告语：“白天服白片，不瞌睡；晚上服黑片，睡得香。”“治疗感冒，黑白分明”，它的卖点多清楚，将产品功能和价值清晰地告诉了消费者。我在多年的品牌营销策划实践中，非常注重提炼产品卖点。比如，当年做婷美内衣时，这个产品的卖点就是：“美体修形，一穿就变”，既强调功效，又说明效果显著。后来操作农资产品生命素时，我对农民朋友说，“生命素，摇钱树，谁用谁致富”，这种鲜明的卖点，很容易就能赢得消费者的关注。

从时尚的女性，到质朴的农民，消费者都对明确的卖点感兴趣。在职场中，老板一样关注你的卖点。老板要提拔一个人，在能力相差不大的情况下，为什么非要选择你呢？除非是你的卖点比别人更突出。

所以，职场中的竞争，很多时候并不全是能力的竞争，而是卖点的竞争。你和别人的差距很大，往往就是因为别人有卖点，而你没有卖点。先看个小故事：

有一位中学老师，在开班会的时候和学生们做了一个数学游戏。

老师说："同学们，1乘1，乘10次，答案是多少呢？"

学生们笑了，这是什么问题呀，小学生都会的题目。于是大家带点戏谑地大声回答："是1。"

老师不紧不慢地说："看来大家小学数学学得不错。那我再问一个问题。1.1乘1.1，乘10次，答案是多少？"

台下马上乱纷纷起来，有的学生开始埋头计算，有的猜是4，有人猜是5……老师慢悠悠地说："正确答案是约为2.59，现在我们再来算一个，0.9乘0.9，乘10次，答案是多少呢？"

不一会儿，一个学生就算出来了，答案约为0.35。

学生们都莫名其妙地望着老师，不知道老师葫芦里卖的什么药。

老师清了清嗓子，说："1.1和0.9，这么微小的差距，但是将它们分别相乘10次以后，两者结果的差别，却是天壤之别。我们大家想一想，你和别人学习的差距、能力的差距、人生的差距，是不是也是从1.1和0.9这样微小的差距开始的呢……”

学生们沉默了。

差之毫厘，谬以千里。看起来细微的差别，经过不断地放大后，结果可能是天壤之别。职场不也是如此吗？看起来，别人只是比你多了一个卖点而已，但是这种卖点被不断放大后，你和别人在职场上的距离却可能变得遥不可及。

很多人抱怨老板做事不公平，抱怨自己的能力没有充分发挥出来。我的经验是：凡事多找找自己的原因。为什么别人能轻而易举地赢得老板的信任，而你不能？想要加薪，请给老板一个给你加薪的理由；想要被提拔，请给老

成功需要有一个好卖点，职场中的竞争，是卖点的竞争。一个职场人，只有找到自己的卖点，才能塑造自己的价值；只有突出自己的卖点，才能经营好自己的个人品牌。

板一个提拔你的理由。

你无法改变老板，那就想办法改变你在老板心目中的价值。人们面对不同价值的东西，态度是不一样的。比如你要买一辆奔驰，不会去讨价还价，而如果买一斤白菜，却要斤斤计较，因为两者的价值感是不一样的。当你还是职场中的白菜时，你就会被别人挑三拣四；而如果你成为职场中的奔驰车，别人求你还来不及呢，怎么敢对你怠慢呢。

一个职场人，只有找到自己的卖点，才能塑造自己的价值；只有突出自己的卖点，才能经营好自己的个人品牌。

如何才能找到你的卖点呢？请你认真地思考下面三个问题，我相信，你能从中明白很多道理。

你能为公司带来什么价值？
你创造的价值和别人有什么不同？
公司是否需要你创造的价值？

这就是卖点三问。

第一问："你能为公司带来什么价值？"仔细想一想，老板因为什么而聘用你、提拔你？是你的人品好，还是你的能力强？是你的技术过硬，还是因为你能带好一个团队？如果你没有能被老板利用的价值，你凭啥要求老板提拔你呢？

第二问："你创造的价值和别人有什么不同？"如果你和别人创造的价值是一样的，那就说明你是可以被替代的，一个可以被替代的人，凭什么要求老板重视你？又凭什么怨天怨地怨公司呢？

第三问："公司是否需要你创造的价值？"尽管你才华横溢、能力突出，但是你去了一家无法发挥价值的公司，或者你待在一个无法发挥优势的职位上，你如何能获得提拔的机会，又如何取得骄人的业绩呢？这是你选择的错误，怨不得别人。

认真品味卖点三问，我想你一定可以找到自己的卖点，一定可以发现自己独一无二的特性，也一定可以成为职场中人见人爱的大红人。

其实，无论是做几件长脸的事，还是找自己的卖点，都充分说明：一个人的个人品牌是需要策划的，当你有了品牌故事和卖点后，一定要善于传播自己的品牌。如果你是块好钢，就一定要让大家都知道，你应该被放在刀刃上。

很多人喜欢“闷声发大财”，结果，你的沉默却造成自己职业生涯的沉没。

美国化学家路易斯于1916年在一篇论文中提出了共价键理论，但在20世纪20年代曾一度被称为朗缪尔理论。原因是路易斯虽很聪明，但性格内向，不善言谈，他提出共价键理论后，并未引起多大反响，致使这一理论并不为大众所知。幸亏三年后，一位思想敏锐的化学家朗缪尔看出了共价键理论的重大意义，于是，他一方面凭借生动流畅的文笔在有影响的《美国化学会志》等刊物发表系列论文，一方面又以滔滔不绝的口才在国内大型学术会议上多次发表演说，终于使这一理论走出了困境，得到普遍承认。

如果你有能力，就一定要将你的能力说出来，你不说，别人怎么知道你的价值呢？你不说，别人怎么知道你有多么优秀？不要担心别人会嘲笑你，那些嘲笑你的人，很快就会成为你的下属。你只有大声地说、认真地说、重复地说，别人才会记住你、领导才会关注你、机会才会垂青你，要抓住一切机会，将自己推销出去。

能力确实是干出来的，但是升职是营销出来的。千里马比伯乐更着急，沉默往往会造成职业生涯的“沉没”，抓住一切机会，将自己推销出去。

学会自我宣传是一个职场人的必修课。这一点，我们应该向诸葛亮学习。刘备“三顾茅庐”的故事，平常的解读都是说刘备如何求贤若渴，在我看来，这彻头彻尾就是一个诸葛亮自我营销的故事。

话说荆州市的老板刘备，想要聘任一个 CEO（首席执行官），苦于没有合适的人选，急得焦头烂额。此时，诸葛亮通过三步就搞定了。

第一步，诸葛亮请徐庶和水镜先生（司马徽）推荐，这两位都是当时全国赫赫有名的大才，有他们的推荐，刘备开始记住了诸葛亮这个人。

第二步，诸葛亮请荆州名士崔州平、颍川石广元、汝南孟公威给他做广告，这三个人对诸葛亮那是一个夸，简直推崇到了极致，刘备一听，这还了得，这么好的人才，在我的地盘上，我要不挖，难不成被曹操那厮给挖去。刘备坐不住了，下定决心请诸葛亮出山。

第三步，诸葛亮欲擒故纵，检验刘备是不是他的目标客户。刘备跑到诸葛亮的茅庐去，诸葛亮推脱不见。尤其是第二次和第三次，刘备第二次拜访是隆冬时节，天气酷寒，刘备冒雪前往，挨冷受冻；第三次正好诸葛亮在睡觉，刘备"拱立阶下"，简直就是诸葛亮的一个小跟班。这一次，诸葛亮没再耍大牌，讲了一段"隆中对"的谋划，征服了刘备，于是，诸葛亮顺利成为刘备集团的CEO。

有人说，《三国演义》可没说诸葛亮是在精心策划，做自我营销啊。我告诉大家两个事实。

第一，大家都知道，诸葛亮在出山前，"躬耕于南阳"，也就是说是个种地的农民。哪个农民有这样的能力，让中国最牛的大才们津津乐道呢？可见，诸葛亮非常重视结交名流，并且，他天天向这些掌握话语权的名流们宣传自己的能耐。如果没有这些人宣传，恐怕诸葛亮再有本事，这辈子也只好“修地球”了。

第二，诸葛亮出山的时候，年纪轻轻，才27岁，而刘备呢，人到中年，已经47岁了，更重要的是，两者的地位差距太大。一个农民和一个地方大员，不可同日而语。如果诸葛亮不精心策划一下，刘备能巴巴地求他吗？其实，千里马比伯乐更着急，有本事的人很多，老板凭啥会认为你就是他朝思暮想、日盼夜盼的千里马呢？所以，“良禽择木而栖，贤臣择主而事”，一个人有能耐如果再加上会营销，就一定会在职场中脱颖而出。

亲爱的读者朋友们，当你读到这里，本书就要结束了。我要告诉大家的是：升迁是门大学问，是你迈向职业辉煌的关键节点。你需要提升能力、需要搞好人际关系，当然也需要学会自我营销。雄心出英雄！能力是干出来的，升职是营销出来的，只有懂得了自我营销，才能提高你的职场能见度，才能有机会实现抱负，成就一番伟业！

强人强语

想要加薪，请给老板一个给你加薪的理由；想要被提拔，请给老板一个提拔你的理由。你无法改变老板，那就想办法改变你在老板心目中的价值。

一个职场人，只有找到自己的卖点，才能塑造自己的价值；只有突出自己的卖点，才能经营好自己的个人品牌。

如果你是块好钢，就一定要让大家都知道，你应该被放在刀刃上。很多人喜欢“闷声发大财”，结果，你的沉默却造成自己职业生涯的沉没。

如果你有能力，就一定要将你的能力说出来，你不说，别人怎么知道你的价值呢？你不说，别人怎么知道你有多么优秀？不要担心别人会嘲笑你，那些嘲笑你的人，很快就会成为你的下属。